Einleitung.

Die im November 1895 von einer aus ungefähr 20 Mitgliedern bestehenden Kommission des Verbandes deutscher Elektrotechniker in Eisenach aufgestellten Sicherheitsvorschriften für elektrische Anlagen sind die ersten derartigen Bestimmungen, welche in Deutschland von den Vertretern der gesammten Elektrotechnik vereinbart und dadurch mit dem Anrecht auf allgemeine Gültigkeit ausgestattet worden sind. Dieser Umstand rechtfertigt einen kurzen Ueberblick auf ihre Entstehung und ihr Wesen.

Während es in anderen Ländern, so in Frankreich und England, schon vor einer Reihe von Jahren für nöthig erachtet wurde, die Ausführung elektrischer Anlagen auf dem Wege der Gesetzgebung zu regeln, hat sich die elektrotechnische Industrie in Deutschland unbeeinflusst von jeder Einwirkung oder Aufsicht des Staates frei entwickeln können. Der Erfolg lehrt, dass die so erfolgte Entwickelung eine nach jeder Richtung hin befriedigende gewesen ist.

Wenn die Vertreter der deutschen Elektrotechnik sich während dieser Zeit wiederholt bemüht haben, das

Eingreifen der Gesetzgebung auf dem in Rede stehenden
Gebiete zu verhindern oder hinauszuschieben, um nicht
im ersten Ausbau der jungen Technik durch starre Formen
beengt zu sein, so haben sie sich gleichwohl niemals auf
den Standpunkt gestellt, dass schrankenlose Willkür und
unbegrenzte Regellosigkeit ein erstrebenswerthes Ziel sei.
Sie sind sich vielmehr stets bewusst gewesen, dass der
auf die Spitze getriebene Concurrenzkampf, welcher als
alleiniges Hilfsmittel gegen bedenkliche Auswüchse nur
die Selbsthilfe des Einzelnen übrig lässt, niemals zu
gedeihlichen Zuständen führen könne.

Es sind daher schon frühzeitig, aus den Kreisen und
Bedürfnissen der Industrie selbst hervorgehend, mehr oder
weniger bestimmte Regeln für die Ausführung elektrischer
Einrichtungen ausgebildet worden. Zuerst waren es die
Centralstationen grösserer Städte, welche im Interesse der
Sicherheit des eigenen Betriebes und im Bewusstsein ihrer
Verantwortlichkeit den Installateuren die Verwendung
bestimmter Materialien und Verlegungsarten vorgeschrieben haben. In demselben Maasse, in welchem die elektrischen Anlagen an Ausdehnung und Bedeutung zuge-
nommen haben, sind derartige Vorschriften auf Grund
der allmählich gewonnenen Erfahrungen Schritt für Schritt
erweitert und verbessert worden.

Allgemeiner gefasste Sicherheitsvorschriften sind im
Jahre 1888 durch den elektrotechnischen Verein in Wien
entworfen worden, und im Jahre 1892 liess der Verband
deutscher Privat-Feuer-Versicherungsgesellschaften Grundsätze zur Beurtheilung der Feuersicherheit elektrischer
Anlagen aufstellen, welche zur Zeit im Geschäftsbereiche
dieses Verbandes Geltung haben.

Als daher im Beginn des Jahres 1894 zu gleicher

Zeit von Seiten des elektrotechnischen Vereins in Berlin
und des Verbandes deutscher Elektrotechniker die Aufgabe, allgemein gültige Vorschriften auszuarbeiten, in
Angriff genommen wurde, handelte es sich weniger darum,
neue Gesichtspunkte zu finden, als vielmehr darum, das
bereits vorhandene Material in einheitliche Formen zu
bringen und Vereinbarungen darüber zu treffen, wie
weit durch solche Vorschriften, die ja im Allgemeinen
stets auf derselben Grundlage aufzubauen sind, die besonderen Einzelheiten der Installationstechnik festgelegt
werden können und dürfen.

Diese letztere Frage wird verschieden zu beantworten
sein, je nach dem Zweck, dem die Vorschriften in erster
Linie dienen sollen. — Wenn den Vorsichtsbedingungen
der Feuer-Versicherungs-Gesellschaften die ausgesprochene
Absicht zu Grunde liegt, den Wortlaut so allgemein zu
halten, dass nur die Anforderungen, nicht aber die technischen Mittel zur Erfüllung dieser Forderungen bestimmt
werden, so findet dieses Bestreben seine Berechtigung in
dem Umstande, dass nach diesen Vorschriften alle bestehenden Anlagen im Geschäftskreis der genannten Gesellschaften geprüft werden sollen, wobei es sich vielfach um ältere zu den verschiedensten Zeiten und mit
den verschiedensten Mitteln ausgeführte Einrichtungen
handelt. Es würde unmöglich sein, alle hierbei in Betracht
kommenden Einzelheiten des Materials und der Verlegung
in den Vorschriften zu berücksichtigen; andererseits sind
diese Gesellschaften in der Lage, die Handhabung der
Bestimmungen so zu regeln, dass bestimmte Sachverständige die einzelnen Fälle in gleichheitlicher Weise
beurtheilen.

Die vom Verbande deutscher Elektrotechniker auf-

gestellten Regeln sind in etwas anderem Sinne gedacht
und müssen mit anderen Verhältnissen rechnen. Sie
sollen in erster Linie die bei der Einrichtung von Neu-
anlagen giltigen Regeln in einheitlicher Weise zum Aus-
druck bringen.

Aus diesem Grunde und weil sie nicht auf die Voraussetzung einer Handhabung durch bestimmte Revisoren
aufgebaut werden können, müssen sie in erhöhtem Grade
auf die Einzelheiten der elektrischen Einrichtungen ein-
gehen. Sie haben daher einen ähnlichen Umfang wie
die bisher von einzelnen Elektricitäts-Werken erlassenen
Vorschriften angenommen. — So wird es möglich werden,
dass diese verschiedenen Bestimmungen sich eng an die
für ganz Deutschland giltigen Vorschriften anschliessen,
damit, wenn nicht alle Unterschiede, so doch wenigstens
Widersprüche in den Maassnahmen der verschiedenen Elek-
tricitäts-Werke vermieden werden. Dadurch wird erreicht,
dass ein Installateur in verschiedenen Städten die gleichen
Verlegungsarten benutzen kann. Der Fabrikant von Ein-
richtungsgegenständen wird für die gleichen Muster überall Verwendung finden. Der Consument wird bis zu
einem gewissen Grade schon ohne Sachverständigen die
Ausführung und den Zustand seiner Einrichtung beurtheilen können. Die Beurtheilung von Kostenvoranschlä-
gen für geplante Anlagen wird wesentlich erleichtert,
wenn die Güte der Materialien und die zulässigen Verlegungsarten wenigstens in den Hauptpunkten durch einheitliche Bestimmungen festgelegt sind. Endlich wird
auch die Prüfung bestehender Einrichtungen ungemein
vereinfacht und der Entstehung von Meinungsdifferenzen
vorgebeugt, wenn nicht nur allgemeine Grundsätze, sondern
auch technische Regeln aus den Vorschriften begründet

werden können. Es werden daher auch die Feuer-Ver-
.sicherungs-Gesellschaften, unbeschadet des Fortbestehens
ihrer allgemeiner gehaltenen Vorsichtsbedingungen, ihre
Aufgabe durch die vorliegenden Detailvorschriften erleichtert sehen.

Auch die Behörden werden in diesen Vorschriften
eine brauchbare Grundlage und Richtschnur für ihr Vorgehen finden, sofern sie es für nothwendig erachten,
einzelne oder bestimmte Gattungen der in ihrem Wirkungs-
kreis liegenden elektrischen Anlagen aus besonderen
Gründen zu prüfen oder zu überwachen.

Es sei hier noch besonders betont, dass eine Schädi-
gung der Industrie auch von eng gefassten Vorschriften
nicht zu befürchten ist, sofern diese sich nur an diejenigen
Maassnahmen anlehnen, welche sich bereits durch die Erfahrung als nützlich und nothwendig eingebürgert haben
und an passenden Stellen den entsprechenden Spielraum
gewähren. Vielmehr wird mancher bedenkliche Auswuchs
zurückgedrängt werden können. In dieser Hinsicht darf
es nicht unerwähnt bleiben, dass eine Zeit lang die ernst-
hafte Gefahr vorlag, es möchte das Zutrauen des Publi-
kums zur Sicherheit elektrischer Anlagen gründlich unter-
graben werden durch die weitgehende Verwendung
schlechter Materialien, wie sie von ununterrichteten oder
gewissenlosen Unternehmern manchmal beliebt wurde.
Die damit verbundene Herabsetzung der Preise war gleichzeitig geeignet, den auf ihren guten Ruf bedachten und
sorgfältig arbeitenden Firmen nicht zu unterschätzende
Schädigungen zu bereiten.

Man darf hoffen, dass die allgemeine Benutzung der
Vorschriften des Verbandes auch nach dieser Richtung
hin befriedigende Wirkungen haben werde.

Um die Beurtheilung und Handhabung der Vorschriften zu erleichtern, sind in den nachfolgenden Er-
läuterungen die Ueberlegungen angegeben, welche für
die Fassung der einzelnen Bestimmungen maassgebend
gewesen sind unter Beifügung von Winken für die
unter verschiedenen Verhältnissen zweckmässig erschei-
nenden Ausführungsformen.

———

Abtheilung I.

Die Vorschriften dieser Abtheilung gelten für elektrische Starkstromanlagen mit Spannungen bis 250 Volt zwischen irgend zwei Leitungen oder einer Leitung und Erde, mit Ausschluss unterirdischer Leitungsnetze und elektrochemischer Anlagen.

Die z. Z. vorliegenden Vorschriften sind als Abtheilung I bezeichnet, weil sie nicht das ganze Anwendungsgebiet der Elektrotechnik umfassen; sie beschränken sich vielmehr auf bestimmte, eng begrenzte Arten von Anlagen; während die Zusammenstellung der für die übrigen Anlagen nothwendigen Vorschriften, über welche gültige Vereinbarungen zur Zeit noch nicht existiren, einer später herauszugebenden Abtheilung II vorbehalten bleibt.

Eine derartige Trennung war nothwendig, weil für das durch die Abtheilung I abgegrenzte Gebiet das Bedürfniss nach Vorschriften weitaus am stärksten und am häufigsten hervorgetreten ist, und weil gleichzeitig für dieses Gebiet so viele Erfahrungen vorliegen, dass es möglich war, auf längere Dauer hinaus maassgebende Festsetzungen zu vereinbaren, ohne [die weitere Entwickelung der Technik in schädlicher Weise einzuengen. Wesentlich anders liegen die Verhältnisse im Bereiche der hochgespannten Ströme, wie sie zum Betriebe elektrischer Bahnen und in den Primärleitungen der Wechselstromanlagen zur Verwendung kommen. Hier ist die Technik — namentlich innerhalb der Grenzen Deutschlands — zwar nicht mehr im Stadium des Anfangs, wohl aber in dem lebhaftester Entwickelung begriffen. Nur von einzelnen Einrichtungen liegen mehrjährige Erfahrungen vor; der ungefähre Umfang jedoch, welchen diese Anlagen voraussichtlich erreichen werden, und die Art und Weise, wie sich ihr Betrieb gestalten und in die vorhandenen Einrichtungen eingliedern wird, lassen sich zur Zeit noch nicht völlig übersehen. Gleichwohl sind die allgemeinen Gesichtspunkte, welche für die Sicherheit dieser Art von Anlagen maassgebend sind, völlig klargestellt und die ihr dienlichen Hilfsmittel werden von den betheiligten Kreisen mit grosser Sorgfalt und sachgemässer Auswahl stets angewendet. Aber gerade diese Hilfsmittel sind noch mancher Wandlung unterworfen und vielfacher Verbesserung fähig, so dass es nicht vortheilhaft sein würde, sie im gegenwärtigen Augenblick durch starre Vorschriften in allen ihren Einzelheiten soweit festzulegen, wie dies für den Bereich der niedrigen Spannungen möglich ist. Es war dieser Aufschub um so mehr gerechtfertigt, als die Anlagen, welche sich höherer Spannung bedienen, fast ausnahmslos in den Händen grösserer Unternehmer sich befinden, welche in reichlichem Maasse über sachverständiges Personal verfügen und schon in ihrem eigenen Interesse gezwungen sind, eine geregelte Ueberwachung auszuüben und der Sicherheit nach allen Richtungen hin Rechnung zu tragen.

Um die Grenzen der vorliegenden Vorschriften klarzustellen, seien einige Beispiele angeführt. In den Bereich der Spannungsdifferenz von 250 Volt fallen z. B. die Sekundärnetze der meisten z. Z. bestehenden Wechselstromanlagen; für sie gelten daher die Vorschriften. Bei einer Anlage nach dem Fünfleitersystem, bei welcher z. B. im Ganzen Spannungsdifferenzen von 500 Volt auftreten, gelten die Vorschriften für alle diejenigen in sich zusammenhängenden Theile, innerhalb deren die vorhandenen Spannungsdifferenzen unter 250 Volt bleiben; also z. B. für die innerhalb eines Hauses verlegte Installation, welche nur in einen oder in zwei Zweige des Fünfleitersystems eingeschaltet ist. Dies wird für die meisten derartigen Hausanschlüsse zutreffen. Auch wird in der Regel der mittlere der fünf Leiter nahezu das Potential der Erde haben. Würde dagegen bei derselben Fünfleiteranlage ein Elektromotor an die beiden Aussenleiter angeschlossen sein, so würde der hierzu gehörige Theil der Leitungen nicht unter diese Abtheilung der Vorschriften fallen. Desgleichen werden die meisten elektrischen Eisenbahnanlagen nicht in den Rahmen dieser Abtheilung fallen.

Keineswegs sollen jedoch damit die Vorschriften auf die Hausinstallationen beschränkt sein. Sie umfassen vielmehr auch die Stromerzeugerstellen grösserer Vertheilungsanlagen, sofern sie in der angegebenen Spannungsgrenze bleiben, sowie die hierzu gehörigen Vertheilungsleitungen, sofern diese oberirdisch sind.

Zwischen oberirdischen und unterirdischen Leitungsnetzen wurde eine Grenze deswegen gezogen, weil bei letzteren schon wegen des erheblichen in ihnen niedergelegten Capitals in der Regel die Voraussetzung zutrifft, dass die Besitzer im eigenen Interesse eine sachverständige und eingehende Controlle ausüben; ausserdem können die in die Erde gelegten Kabel weniger leicht zu Eigenthumsbeschädigung oder Gefahr Anlass geben als die Luftleitungen.

Auch die elektrochemischen Anlagen sind von dieser Abtheilung der Vorschriften ausgeschlossen worden, weil hier einerseits vielfach, wie z. B. bei kleineren galvanoplastischen Einrichtungen, so geringe Spannungen verwendet werden, dass jede erhebliche Gefahr ausgeschlossen erscheint, während andrerseits diejenigen Forderungen, welche die noch in der Entwickelung begriffene chemische Grossindustrie an ihre Leitungen, Apparate und andere Hilfsmittel im Interesse des Betriebes stellen muss, so mannigfaltiger Art und z. Z. so wenig übersehbar sind, dass es nicht thunlich erschien, die Zulässigkeit und Herstellung solcher Einrichtungen von der Erfüllung aller Einzelbedingungen abhängig zu machen, wie sie für die dem grossen Publikum zugängliche Mehrzahl der Licht- und Kraftanlagen nothwendig sind. Es ist auch hier die Voraussetzung maassgebend gewesen, dass in denjenigen Fällen, in welchen mit Sicherheit darauf gerechnet werden kann, dass die Handhabung der Anlage ausschliesslich von geschultem und sachverständigem Personal geübt wird, ein geringeres Maass von Vorschriften nothwendig erscheint.

Der Fall, dass sogenannte Schwachstromanlagen, z. B. solche für den Betrieb von elektrischen Läutewerken oder Uhren, von einer Starkstromleitung aus gespeist werden, würde unter die Vorschriften dieser Abtheilung fallen, weil die Einrichtung als ein Theil der Starkstromanlage zu betrachten ist. —

I. Betriebsräume und -Anlagen.

§ 1. Dynamomaschinen, Elektromotoren, Transformatoren und Stromwender, welche nicht in besonderen luft- und staubdichten Schutzkästen stehen, dürfen nur in Räumen aufgestellt werden, in denen normaler Weise eine Explosion durch Entzündung von Gasen, Staub und Fasern ausgeschlossen ist. In allen Fällen ist die Aufstellung derart auszuführen, dass etwaige Feuererscheinungen keine Entzündung von brennbaren Stoffen hervorrufen können.

Die Maschinen und Vorrichtungen zur Erzeugung und Umformung der Elektricität (unter Stromwendern sind rotirende Umformer verstanden, welche z. B. Wechselstrom in Gleichstrom verwandeln) sind diejenigen Theile der Anlage, welche in kleinem Raume verhältnissmässig grosse Mengen von Energie beherbergen. Die Möglichkeit, dass diese Energiemengen, durch irgend eine Störung in falsche Bahnen geleitet, sich in Wärme umsetzen, ist daher besonders zu beachten. Beispielsweise ist zu erwähnen, dass eine Gleichstrommaschine bei falscher Bürstenstellung am Commutator Feuer gibt, dass ein Transformator bei schadhafter Isolation sich unter Umständen bis zum Brennen erhitzt. Es muss daher bei der Aufstellung dieser Maschinen dafür gesorgt werden, dass derartige Unfälle sich nicht auf den übrigen Inhalt des Gebäudes und auf das Gebäude selbst übertragen. Die Forderung, dass diese Maschinen nicht in solchen Räumen stehen sollen, welche schon der Natur des in ihnen geübten Betriebes zufolge eine erhöhte Feuersgefahr bieten, bedarf hiernach keiner besonderen Erläuterung. Es gehören hierher insbesondere Sägewerke, Getreidemühlen, Baumwollspinnereien

u. dergl. Hier ist stets für die erwähnten Maschinen und
Zubehör ein abgetrennter Raum zu verwenden, der so zu gestalten und zu bedienen ist, dass er von den brennbaren
Stoffen frei bleibt. Es ist kaum nöthig, hier zu erwähnen,
dass das Verbot sich nur gegen die Räume richtet, welche
regelmässig die genannten Materialien enthalten. Ein Gelass,
welches mit einer Gasleitung versehen ist, wird selbstverständlich nicht etwa dadurch für die Aufnahme von Dynamomaschinen ungeeignet; denn der Fall, dass die Gasleitung
undicht oder so schlecht bedient sein sollte, dass sich das
Leuchtgas in dem Raum ansammelt, würde unter die unvor-
hersehbaren Zufälle zu rechnen sein. Unter gewissen Umständen kann es unvermeidlich werden, dass z. B. ein Motor
auch in einem gefährliche Stoffe enthaltenden Raume, wie
z. B. in einem Kohlenbergwerk, aufgestellt werden muss. Alsdann sind diese Vorrichtungen in besondere, dicht schliessende
Schutzkästen einzuhüllen, welche natürlich niemals während
des Betriebes innerhalb der gefährlichen Räume geöffnet werden
dürfen. Auch in anderen Räumen sind besonders brennbare
Stoffe, sei es, dass sie zu dem Gebäude gehören (Holzwände,
leicht brennbare Fussböden), oder dass sie sonst in dem gleichen Raume wie die Maschinen vorhanden sind (Putzwolle
u. dergl.), von den Maschinen und Apparaten fern zu halten.

Es sei hier noch darauf hingewiesen, dass die Vorschriften
besondere Festsetzungen über die Höhe der Isolation, welche
Maschinen, Umformer u. dergl. aufweisen sollen, nicht enthalten. Es ist jedoch selbstverständlich, dass diese mindestens
den diesbezüglichen Bestimmungen, welchen das Leitungsnetz
nach § 17 unterliegt, entsprechen müssen. Im Allgemeinen
wird das Isolationsvermögen der Windungen gegen das Gestell ein beträchtlich höheres sein als dort angegeben.

**§ 2. In Akkumulatorenräumen darf keine andere
als elektrische Glühlichtbeleuchtung verwendet werden. Solche Räume müssen dauernd gut ventilirt
sein. Die einzelnen Zellen sind gegen das Gestell
und letzteres ist gegen Erde durch Glas, Porzellan
oder ähnliche nicht hygroskopische Unterlagen zu**

isoliren. Es müssen Vorkehrungen getroffen werden,
um beim Auslaufen von Säure eine Gefährdung des
Gebäudes zu vermeiden. Während der Ladung dürfen
in diesen Räumen glühende oder brennende Gegenstände nicht geduldet werden.

Da beim Laden der Akkumulatoren bekanntlich, namentlich gegen Ende der Ladung, explosibles Knallgas entstehen
kann, so ist für Entfernung der frei werdenden Gase durch
gute Ventilation Sorge zu tragen. Um die Möglichkeit einer
Entzündung zu erschweren, sind Gas- und ähnliche Beleuch-
tungsarten, die frei brennende Flammen haben, oder durch
solche (Zündhölzer) angesteckt werden müssen, verboten. Bei
Reparaturen müssen selbstverständlich die nothwendigen Löth-
arbeiten ausgeführt werden können; auch ist es durch die
Vorschriften nicht verboten, einen solchen Raum etwa während
der Montage oder wenn die Anlage ausser Betrieb ist, mit
Petroleumlampen oder dergl. zu beleuchten.

Die Vorkehrungen gegen die Folgen ausgelaufener Säure
bestehen am besten in einem Asphaltbelag des Fussbodens.
Dieser Belag muss aber auch an den Umfassungswänden
sorgfältig abgedichtet, unter Umständen dort auf entsprechende Erstreckung in die Höhe geführt sein und wird zweckmässig Gefälle und Ablaufrinne erhalten.

§ 3. Die Hauptschaltetafeln in Betriebsräumen
sollen aus unverbrennlichem Material bestehen, oder
es müssen sämmtliche stromführende Theile auf isolirenden und feuersicheren Unterlagen montirt werden. Sicherungen, Schalter und alle Apparate, in
denen betriebsmässig Stromunterbrechung stattfindet,
müssen derart angeordnet sein, dass etwa auftretende
Feuererscheinungen benachbarte brennbare Stoffe nicht
entzünden können und unterliegen überdies den in
§ 1 gegebenen Vorschriften.

Für Regulirwiderstände gelten die Bestimmungen
des § 14.

Die Verwendung von leicht brennbarem Material, wie weiches Holz, Linoleum oder dergl. bei Schaltetafeln hat schon vielfach zu schweren Brandfällen geführt; es ist daher feuerfester Stoff wie Marmor, künstlicher Stein u. dergl. vorzuziehen. Für sehr grosse Schaltetafeln ist zur Zeit Holz nicht in allen Fällen zu vermeiden. Man benutzt dann parketartig zusammengefügte Tafeln aus harten, schwer entflammbaren Holzsorten; doch ist in diesem Falle jeder stromführende Theil, also z. B. jede einzelne Sammelschiene, durch eine Unterlage von Porzellan, Asbest, Schiefer oder dergl. von dem Holze zu trennen. Auch Durchgangsöffnungen für Drähte sind mit Porzellantüllen zu versehen.

Diese letztere Bestimmung ist vielfach angegriffen worden mit der Begründung, dass gutes hartes Holz in trockenem Zustande ein vorzüglicher Isolator sei. Hiergegen ist zu bemerken, dass eine scharfe Grenze zwischen hartem und weichem, leicht entflammbarem Holz nicht existirt. Ferner dass eine Holztafel, auch wenn sie aus sachgemäss gewähltem Material besteht und in trockenem Zustande aufgestellt wird, durch ungünstige Verhältnisse an einzelnen Stellen unbemerkt Feuchtigkeit aufnehmen kann, so dass ihr Isolationsvermögen verschwindet. Es sei ferner daran erinnert, dass gerade an Schaltbrettern Erwärmungen nicht nur durch Ueberlastung der Leitungen, sondern durch mangelhaften Contakt besonders häufig sind, welch letztere Erscheinung sich unter Umständen, z. B. in Folge fortgesetzter Erschütterungen (in Maschinenräumen) allmählich und unbemerkt einstellt. Auch die durch den normalen Betrieb bedingte abwechselnde Erwärmung und Abkühlung der Schmelzsicherungen bewirkt eine allmähliche Lockerung der Contaktschrauben. Die grossen Stromstärken, welche an Schaltbrettleitungen herrschen, machen es erklärlich, dass auch scheinbar geringfügige Fehler schwerwiegende Folgen nach sich ziehen. Die Anordnung von Porzellantüllen an den Durchführungen wird auch eine allzuscharfe Biegung der Drähte hindern und damit die Möglichkeit eines Bruches erschweren.

Die Vorschriften über Stromunterbrecher und Regulirwiderstände sind ohne Weiteres verständlich.

II. Leitungen.

---

§ 4. Stromleitungen aus Kupfer sollen ein solches Leitungsvermögen besitzen, dass 55 Meter eines Drahtes von 1 Quadratmillimeter Querschnitt bei 15° C. einen Widerstand von nicht mehr als 1 Ohm haben.

Das hier angegebene Leitungsvermögen soll nur eine untere Grenze darstellen. Thatsächlich gehen von den auf dem Markte üblichen Kupfersorten 57 m auf 1 Ohm. Die Festlegung einer unteren Grenze ist nothwendig, weil ohne sie die im § 5 enthaltenen Angaben über die zulässige Belastung der Drähte keinen Sinn hätte. Wollte man schlechter leitende Kupfersorten zulassen und jedesmal die Belastungsgrenzen entsprechend auswählen, so würde eine Controlle undurchführbar sein.

Die angegebene Ziffer entspricht einer Leitungsfähigkeit des Kupfers bei 0°, welche 54,6 mal so gross ist, als die des Quecksilbers, oder einem Widerstandskoeffizient von 1,717 bei 0° in Mikrohm-cm. Der Widerstand desselben Drahtes von 1 m bei 1 mm² Querschnitt bei 15° beträgt 0,0182 Ohm.

§ 5. Die höchste zulässige Betriebs-Stromstärke für Drähte und Kabel aus Leitungskupfer ist aus nachstehender Tabelle zu entnehmen:

Querschnitt in Quadratmillimetern	Betriebs-Stromstärke in Ampère
0,75	3
1	4
1,5	6
2,5	10
4	15
6	20

Querschnitt in Quadratmillimetern	Betriebs-Stromstärke in Ampère
10	30
16	40
25	60
35	80
50	100
70	130
95	160
120	200
150	230
210	300
300	400
500	600

Der geringste zulässige Querschnitt für Leitungen ausser an und in Beleuchtungskörpern ist 1 Quadratmillimeter, an und in Beleuchtungskörpern $^3/_4$ Quadratmillimeter.

Bei Verwendung von Drähten aus anderen Metallen müssen die Querschnitte entsprechend grösser gewählt werden.

Die hier festgesetzten Belastungsgrenzen sind im Anschluss an bekannte Experimentaluntersuchungen (vgl. z. B. Kennelly, El. World, Bd. 14, S. 374, auch Uppenborn, Calender, 1895, S. 83) so gewählt, dass die Drähte, auch wenn sie von einem schlechten Wärmeleiter umgeben sind, bei der doppelten der angegebenen Stromstärke eine Erwärmung um nicht mehr als 40° C. erfahren.

Da man von jedem selbstständig geführten Draht auch eine gewisse mechanische Festigkeit verlangen muss, so sind Drähte von weniger als 1 mm² Querschnitt als selbstständige Leiter verboten. Nur für Beleuchtungskörper sind solche von 1 mm Durchmesser oder $^3/_4$ mm² Querschnitt zugelassen, da hier oft die Nothwendigkeit vorliegt, die Leitung durch enge Oeffnungen und Rohre hindurchzuführen. Mechanische Beanspruchung wird den an und in Beleuchtungskörpern verwendeten Drähten nicht zugemuthet.

Betr. der Beleuchtungskörper vergl. auch § 15 d.

Die Verwendung anderen Materials an Stelle des Kupfers der im § 4 angegebenen Leitfähigkeit sollte im Interesse der Uebersichtlichkeit thunlichst vermieden werden. Manchmal ist sie indessen geboten. So hat die Erfahrung dazu geführt, in sehr feuchten Räumen, wie z. B. Brauereikellern, oder in solchen, welche ätzende Dünste enthalten (Stallungen, chemische Fabriken), das Kupfer durch verzinkten Eisendraht zu ersetzen. Derselbe erhält passend einen guten Oelfarbeanstrich. Manchmal ist es von Vortheil, den Vorschaltewiderstand einer Bogenlampe in der Weise in die Leitung zu verlegen, dass man letztere aus Eisendraht herstellt. Zur Ueberwindung sehr grosser Spannweiten von Freileitungen wurde gelegentlich Siliciumbroncedraht benutzt. Man sollte es jedoch zur Regel machen, derartiges Material nur ausnahmsweise und dann stets offen, niemals in Form von übersponnenen oder sonst verdeckten Drähten zu verlegen.

§ 6. Blanke Leitungen müssen vor Beschädigung oder zufälliger Berührung geschützt sein. Sie sind nur in feuersicheren Räumen ohne brennbaren Inhalt, ferner ausserhalb von Gebäuden, sowie in Maschinen- und Akkumulatorenräumen, welche nur dem Bedienungspersonal zugänglich sind, gestattet. Ausnahmsweise sind auch in nicht feuersicheren Räumen, in welchen ätzende Dünste auftreten, blanke Leitungen zulässig, wenn dieselben durch einen geeigneten Ueberzug gegen Oxydation geschützt sind.

Blanke Leitungen sind nur auf Isolirglocken zu verlegen und müssen, soweit sie nicht unausschaltbare Parallelzweige sind, von einander bei Spannweiten über 6 Meter mindestens 30 Centimeter, bei Spannweiten von 4 bis 6 Metern mindestens 20 Centimeter, und bei kleineren Spannweiten mindestens 15 Centimeter, von der Wand in allen Fällen mindestens 10 Centimeter entfernt sein. In Akkumulatorenräumen und bei Verbindungsleitungen zwischen Akkumulatoren und Schaltbrett sind Isolirrollen und kleinere Abstände zulässig.

Im Freien müssen blanke Leitungen wenigstens 4 Meter über dem Erdboden verlegt werden. Freileitungen, welche nicht im Schutzbereich von Blitzschutzvorrichtungen liegen, sind mit solchen in genügender Anzahl zu versehen.

Bezüglich der Sicherung vorhandener Telephon- und Telegraphenleitungen gegen Freileitungen wird auf das Telegraphengesetz vom 6. April 1892 verwiesen.

Blanke Leitungen, welche betriebsmässig an Erde liegen, fallen bis auf weiteres nicht unter die Bestimmungen dieses Paragraphen.

Blanke Leitungen werden den von ihnen geführten Strom schon bei oberflächlicher Berührung mit irgend einem leitenden Körper auf den letzteren übertragen können, sobald er mit dem andern Pol der Leitung oder mit der Erde irgendwie in Verbindung steht. Es kann dies z. B. durch Auffallen eines Werkzeuges, durch Anrücken eines Gebrauchsgegenstandes (z. B. einer metallbeschlagenen Leiter), durch die in Folge von Rauhfrost, Winddruck, Erwärmung oder durch die eigene Schwere entstandene Dehnung, durch Lockerung der Befestigungsstellen, durch Zerreissen der Leitung selbst verhältnissmässig leicht eintreten. Es ist daher für solche Drähte ein grösseres Maass von Schutz erforderlich, als für isolirte Leitungen, deren Umhüllung die Entstehung schädlichen Fremdstromes auch bei unmittelbarer Berührung in der Regel verhindern wird. Demgemäss ist die Benutzung blanker Drähte zunächst auf Leitungen ausserhalb von Gebäuden beschränkt, wo isolirte Leitungen wegen ihrer grösseren Gestehungskosten und ihrer geringeren Widerstandsfähigkeit gegen atmosphärische Einflüsse meist nicht verwendbar sind. Sie sind ferner zugelassen in solchen Räumen, welche nach Bauart und Inhalt die Brandgefahr auch im Falle einer entstandenen Störung der normalen Verhältnisse weniger drohend

erscheinen lassen. Endlich hat man sie in Maschinen- und
Akkumulator-Räumen nicht ausschliessen können, da hier
einerseits ein geschultes Personal vorausgesetzt wird, während andererseits die zahlreichen Verbindungsstellen und die
Nothwendigkeit völliger Uebersicht in diesen Räumen eine
schützende Hülle nicht vertragen. Dazu kommt, dass die von
den Akkumulatoren stammende Säure solche Hüllen in kurzer
Zeit zerstört und damit in der Regel auch den Draht selbst
dem Verderben entgegenführt.

Säuren und andere ätzende Stoffe greifen nämlich die
meisten Isolirmaterialien stark an; indem sie sich zwischen
dem Draht und seiner Umhüllung festsetzen, führen sie auch
die Zerstörung des Leiters herbei und zwar oft unbemerkt
und rascher, als dies bei einem blanken Draht mit glatter
Oberfläche der Fall sein würde.

Man muss daher auch in Räumen, die derartige Dämpfe
enthalten, wie Stallungen, Wäschereien, Gerbereien, chemische
Fabriken, blanke Leitungen wenigstens ausnahmsweise zulassen. Doch ist für diese Fälle ein gegen Oxydation
schützender Ueberzug vorgeschrieben. Als solcher dient
zweckmässig ein guter Anstrich von Oelfarbe oder Asphaltlack. Manchmal ist ein Bleiüberzug vortheilhaft.

Da die Gefahr eines durch Oberflächenleitung an den
Befestigungsstellen herbeigeführten Erdschlusses bei blanken
Leitungen in erhöhtem Maasse vorliegt, so sind Isolirglocken
vorgeschrieben. Um die Berührung blanker Leitungen verschiedener Polarität und dabei entstehenden Kurzschluss und
Funkenbildung zu vermeiden, ist mit Rücksicht auf den durch
die eigene Schwere, Winddruck u. s. w. veranlassten Durchhang ein entsprechender Abstand vorgeschrieben und nach
Maassgabe der zwischen den Befestigungsstellen eingehaltenen
Entfernungen zahlenmässig festgelegt. Solche Berührungen
können zu schädlichen Zweigströmen, namentlich aber zu
Funkenbildung auch dann Anlass geben, wenn die sich berührenden Strecken zwar demselben Pole angehören, aber —
z. B. in Folge verschiedener Belastung — kleine Spannungsdifferenzen aufweisen. Es ist daher eine Abweichung von
den vorgeschriebenen Abständen nur dann zulässig, wenn es
sich um unausschaltbare Parallelzweige handelt. Dies ist z. B.

der Fall, wenn eine Fernleitung statt aus einem Draht von
grösserem Querschnitt der leichteren Montage wegen aus mehreren parallel geführten dünneren Drähten besteht. Diese
dürfen alsdann in kleineren Abständen geführt werden, müssen
jedoch an beiden Enden dauernd, z. B. durch einen verlötheten
Querdraht, verbunden sein.

Die für Akkumulatorräume und die Leitungen nach den
sogenannten Zuschaltezellen gemachte Ausnahme ist nothwendig, weil für diese, meist in grosser Anzahl nöthigen
Leitungen in der Regel nur ein beschränkter Raum zur Ver-
fügung steht. Die grossen Querschnitte dieser Drähte werden
ihnen in der Regel soviel Festigkeit verleihen, dass die Gefahr einer Berührung ausgeschlossen ist. Die geringere Iso-
lationsfähigkeit der Rollen sollte womöglich durch eine bessere
Isolation des gemeinsamen Rollenträgers ausgeglichen werden.

Wie weit eine im Freien verlaufende Leitung in den
Schutzbereich fremder Blitzschutzvorrichtungen fällt, lässt
sich nicht allgemein angeben. Die Blitzgefahr ist nach den
bisherigen, zur Zeit noch wenig verarbeiteten Erfahrungen
in den verschiedenen Gegenden sehr verschieden und von
den klimatischen Verhältnissen, von der Beschaffenheit des
Untergrundes u. s. w. abhängig. Es darf nicht ausser Acht
gelassen werden, dass nicht nur die unmittelbar in die Leitung
eintretenden Blitzschläge, sondern auch die durch diese indu-
cirten Entladungen zu Funkenbildung und damit zu Brandschaden Anlass geben können. Unter Umständen entstehen
solche inducirte Entladungen sogar in solchen Leitungen,
welche ganz innerhalb geschlossener Gebäude verlaufen. Bei
allen Blitzschutzvorrichtungen ist namentlich auf eine sehr
gute Erdleitung Bedacht zu nehmen, welche unter Vermeidung
aller Krümmungen auszuführen ist.

Der hier hauptsächlich in Betracht kommende § 12 des
Telegraphengesetzes (abgedruckt in der Elektrot. Zeitschr.
1892. S. 235) lautet:

„Elektrische Anlagen sind, wenn eine Störung des Betriebes der einen Leitung durch die andere eingetreten oder
zu befürchten ist, auf Kosten desjenigen Theiles, welcher
durch eine spätere Anlage oder durch eine später eintretende
Aenderung seiner bestehenden Anlage diese Störung oder die

Gefahr derselben veranlasst, nach Möglichkeit so auszuführen, dass sie sich nicht störend beeinflussen."

In erster Linie wird es sich hier um die Brandgefahr handeln, welche entstehen kann, wenn etwa ein Telegraphen- oder Telephondraht durch Herabfallen oder Durchhang mit einer Starkstromleitung in Berührung kommt. Man wird, wo derartiges zu befürchten ist, die Starkstromleitung mit geeignet angeordneten Schutzdrähten umgeben, welche eine solche Berührung verhindern.

Die Störungen der Telephonanlagen, welche durch unmittelbare Induktion oder durch das Eindringen der von einer Starkstromanlage herrührenden Erdströme in das Telephonnetz verursacht werden, fallen nicht unter den Rahmen der gegenwärtigen Vorschriften.

Bei Anlagen nach dem Dreileitersystem wird in neuerer Zeit häufig der Mittelleiter unmittelbar und dauernd an Erde gelegt. Das Gleiche geschieht manchmal auf Schiffen mit dem einen Pol einer Zweileiter-Anlage. Da in solchen Fällen die mit dem Erdpol verbundene Leitung und ihre Abzweigungen im Allgemeinen ebenfalls das Potential der Erde haben werden, so würde es zunächst widersinnig erscheinen, wenn man diese Leitung ebenso mit Isolirhüllen versehen und an den Befestigungspunkten in gleicher Weise von Erde isoliren würde, wie es für die Leitungen der anderen Pole gefordert wird. Es ist indessen zu berücksichtigen, dass in grösserer Entfernung von der absichtlich hergestellten Erdverbindung auch in dem an Erde gelegten Zweig eine merkliche Potentialdifferenz gegen Erde auftreten kann in Folge des durch die Belastung bedingten Spannungsverlustes bei ungleicher Beanspruchung der beiden Hälften des Dreileitersystems. Diese wird unter Umständen im Stande sein, an Stellen mangelhafter oder wechselnder Berührung mit der Erde (Gas- oder Wasserleitungen) Funkenbildung zu veranlassen. Es empfiehlt sich daher für solche Fälle, die Erdverbindungen an vielen Stellen und stets ebenso sorgfältig und ebenso gut leitend wie andere Theile der Anlage herzustellen. In wie weit hierbei im Innern der Gebäude blanke Leitungen einwandfrei benutzt werden können, darüber liegen zur Zeit noch nicht genügende Erfahrungen vor. Auch der

Anschluss der dünneren Abzweige an Gas- und Wasserleitungen wird nur auf Grund eingehender sachverständiger
Würdigung des jeweiligen besonderen Falles empfohlen werden
können. Hierbei ist auch auf etwaigen Einspruch von Seiten
der betheiligten Gas- und Wasserwerke Rücksicht zu nehmen.
Man wird daher im Allgemeinen gut daran thun, die letzten
Abzweigungen des Mittelleiters auch in dem hier zutreffenden
Falle wie eine isolirte Leitung zu behandeln. Dies ist insbesondere in denjenigen Theilen der Anlage geboten, in welchen
der Mittelleiter seinen Charakter als stromloser Ausgleiche-
draht verliert und selbst erhebliche Ströme führt.

　　Sicherungen bleiben bei dem an Erde gelegten Mittelleiter weg (vergl. § 12 c Seite 48).

Isolirte Einfachleitungen.

　　Der Schutz der Leitungen gegen Erdschluss und Kurzschluss hängt einerseits vom Isolationsvermögen und der
Dauerhaftigkeit der ihn umgebenden Hülle, andrerseits von
der Art der Verlegung ab. Denn es ist klar, dass die beste
Isolirhülle unnütz ist, wenn sie an den Befestigungsstellen
beschädigt wird, oder wenn an den Anschlussstellen (Sicherungen, Schalter, Fassungen u. dgl.), wo die Kupferader offen
liegen muss, Stromübergänge über oder durch die als Unterlagen verwendeten Materialien stattfinden. Andrerseits kann
ein mit minderguter Isolirschicht umhüllter oder selbst ein
blanker Draht vorzüglich gesichert werden, wenn seine Befestigung z. B. ausschliesslich auf guten Porzellandoppel-
glocken erfolgt und die Anschlüsse mit gleichwerthigen Materialien und entsprechender Sorgfalt ausgeführt werden.

　　Die Verwendung der besten erreichbaren Isolirhüllen
wird jedoch durch die Rücksicht auf die Kosten, die Benutzung der theoretisch vollkommensten Verlegungsarten, durch
die dabei unvermeidliche Beeinträchtigung des äusseren An-
sehens im Vergleich mit der sonstigen Ausstattung und dem
Verwendungszweck der betroffenen Räume eingeschränkt.

　　Man muss daher da, wo die äusseren Verhältnisse günstig
liegen, eine an sich weniger vollkommene, aber für den gegebenen Fall ausreichende Drahtsorte zulassen. Es ist

jedoch alsdann jedesmal dem geringeren Isolationsvermögen
durch geeignete Art der Montage Rechnung zu tragen, indem
die Befestigungsmittel, die Abstände der Drähte unter sich
und von den Wänden, die weiteren Schutzvorrichtungen
u. dergl. der Beschaffenheit des Drahtes einerseits und den
örtlichen Verhältnissen andrerseits anzupassen sind. Diesen
Erwägungen hat die Praxis auf Grund der gemachten Erfahrungen dadurch Rechnung getragen, dass von Seiten der
betheiligten Industrie verschiedene Drahtsorten auf den Markt
gebracht worden sind, welche in Bezug auf Isolationsvermögen und mechanische Festigkeit der Schutzhüllen gewisse
Abstufungen aufweisen.

Um nun in der Verwendung der einzelnen Sorten unter
den verschiedenen äusseren Verhältnissen die zur sicheren
Controlle nöthige Gleichheitlichkeit zu erzielen, sind in den
vorliegenden Vorschriften 7 Arten von isolirten Leitungen
aufgezählt und für jede ist im Anschluss an die bisher bei
grösseren Elektricitätswerken eingeführten und erprobten
Festsetzungen die zulässige Verwendungsart und Befestigungs-
weise vorgeschrieben. Dabei ist gleichzeitig die voraus-
gesetzte Beschaffenheit des Drahtmaterials durch eine kurze
Beschreibung gekennzeichnet, weil auch in dieser Hinsicht
gewisse Festsetzungen nothwendig sind, wenn die Benutzung
geringwerthigen und daher bedenklichen Materials hintan-
gehalten werden soll.

§ 7. a) Leitungen, welche eine doppelte, fest
auf dem Draht aufliegende, mit geeigneter Masse imprägnirte und nicht brüchige Umhüllung von faserigem
Isolirmaterial haben, dürfen, soweit ätzende Dämpfe
nicht zu befürchten sind, auf Isolirglocken überall, auf
Isolirrollen, Isolirringen oder diesen gleichwerthigen
Befestigungsstücken dagegen nur in ganz trockenen
Räumen verwendet werden. Sie sind in einem Abstand
von mindestens 2,5 Centimeter von einander zu verlegen.

Der Abstand von der Wand regelt sich bei den Drähten
nach § 7a ebenso wie bei den folgenden Drahtsorten von selbst
durch die Ausmaasse der Befestigungsmittel. (Vergl. § 10.)

Unter Glocken sind stets Doppelglocken verstanden, nach Art der in der Telegraphie allgemein gebräuchlichen Sorten.

b) Leitungen, die unter der oben beschriebenen Umhüllung von faserigem Isolirmaterial noch mit einer zuverlässigen, aus Gummiband hergestellten Umwickelung versehen sind, dürfen, soweit ätzende Dämpfe nicht zu befürchten sind, auf Isolirglocken überall, auf Rollen, Ringen und Klemmen, und in Rohren nur in solchen Räumen verlegt werden, welche im normalen Zustande trocken sind.

Die Unterscheidung, wonach unter a) von „ganz trockenen" Räumen, unter b) von solchen die Rede ist, „welche im normalen Zustande trocken sind", ist nicht ohne Grund getroffen worden. Es kann z. B. ein Wohnraum im normalen Zustande trocken sein, dagegen in einer gewissen Zeit, z. B. unmittelbar nach dem Bau, noch feuchte Wände besitzen. In diesem Falle dürften Drähte nach a) auf Rollen nur nach vollständigem Austrocknen verlegt werden; dagegen würde die Verlegung in dieser Art und die Benutzung der Anlage unmittelbar nach Vollendung des Baues, während die Wände noch die Baufeuchtigkeit enthalten, nur bei Verwendung von Drähten der Sorte b) zulässig sein.

c) Leitungen, bei welchen die Gummiisolirung in Form einer ununterbrochenen, nahtlosen und vollkommen wasserdichten Hülle hergestellt ist, dürfen, soweit ätzende Dämpfe nicht zu befürchten sind, auch in feuchten Räumen angewendet werden.

Es sind hier sämmtliche vorhergenannten Befestigungsarten zulässig.

Dass auch gute Gummi- und Guttaperchadrähte von ätzenden Dämpfen angegriffen werden, ist bekannt. Es gibt aber auch noch andere besondere Ursachen, die in den Vorschriften nicht alle einzeln aufgezählt werden können, welche dem Gummi schädlich sind. So ist z. B. Kalk ein sehr wirksames Zerstörungsmittel, was z. B. in Cementfabriken und ähnlichen Betriebsstätten, wo sich Kalkstaub — oft in Ver-

bindung mit Feuchtigkeit allenthalben auf Drähten ablagert
— wohl zu beachten ist.

d) Blanke Bleikabel, bestehend aus einer
Kupferseele, einer starken Isolirschicht und einem
nahtlosen einfachen, oder einem doppelten Bleimantel,
dürfen niemals unmittelbar mit leitenden Befestigungs-
mitteln, mit Mauerwerk und Stoffen, welche das Blei
angreifen, in Berührung kommen. (Reiner Gyps greift
Blei nicht an.) Bleikabel, deren Kupferseele weniger
als 6 Quadratmillimeter Querschnitt hat, sind nur dann
zulässig, wenn ihre Isolation aus vulkanisirtem Gummi
oder gleichwerthigem Material besteht.

Blankes Blei wird von Kalk und anderen Alkalien sehr
stark angegriffen. Die Verlegung von Bleikabeln unmittelbar
auf dem Verputz des Mauerwerks ist daher nicht zulässig.
Die Verlegung innerhalb des Verputzes ist aus denselben
Gründen, ausserdem aber auch nach § 9 a verboten. Wenn
dagegen die Wandfläche oder die Oberfläche eines in der
Mauer geführten zugänglichen Kanals aus reinem Gyps besteht, so ist keine Gefahr vorhanden, da sich in diesem Falle
auf dem Blei ein unlöslicher Ueberzug bildet, welcher die
tieferen Schichten vor weiterem Angriff schützt.

Bleikabel von geringem Durchmesser sind wegen ihrer
ungenügenden mechanischen Festigkeit der Gefahr ausgesetzt,
beim Anlegen an die Befestigungsstücke oder beim Führen
um scharfe Kanten, zuweilen auch schon durch den Transport
Knickungen zu erleiden, wobei eine unmittelbare Berührung
zwischen Seele und Bleimantel eintreten kann. Diese Gefahr
ist ausgeschlossen, wenn ein zähes und elastisches Isolirmaterial, wie vulkanisirter Gummi sich zwischen Seele und Mantel
befindet.

e) Asphaltirte Bleikabel dürfen in trockenen
Räumen und trockenem Erdboden verwendet, und
müssen derart verlegt werden, dass sie Mauerwerk
oder Stoffe, welche das Blei angreifen, nicht berühren können.

An den Befestigungsstellen ist darauf zu achten,
dass der Bleimantel nicht eingedrückt oder verletzt
wird; Rohrhaken sind daher als Verlegungsmittel
ausgeschlossen.

f) Asphaltirte und armirte Bleikabel eignen
sich zur Verlegung unmittelbar in Erde und in feuchten Räumen. Rohrhaken sind zulässig.

g) Bleikabel dürfen nur mit Endverschlüssen,
Abzweigmuffen oder gleichwerthigen Vorkehrungen,
welche das Eindringen von Feuchtigkeit wirksam verhindern und gleichzeitig einen guten elektrischen Anschluss vermitteln, verwendet werden.

h) Wenn Gummiisolirung verwendet wird, muss
der Leiter verzinnt sein.

Die Bestimmumg unter g) wendet sich gegen das fehler-
hafte Verfahren, wonach die vom Bleimantel entblösste litzen-
artige Kupferseele ohne weitere Vorkehrungen in Klemm-
schrauben eingeführt werden. Hierbei werden leicht einzelne
Drähte der Litze ausser Contact bleiben; ausserdem bietet
dies Verfahren der Feuchtigkeit die Möglichkeit, sich zwischen
Seele und Mantel festzusetzen. Wo vollständige Endverschlüsse
u. dergl. nicht benutzt werden, ist das Ende der Isolirschicht
durch Isolirband etc. sorgfältig zu schützen.

Die Verzinnung ist unter h) vorgeschrieben, weil der im
vulkanisirten Gummi enthaltene Schwefel das unverzinnte
Kupfer allmählich zerstört. Dies tritt auch ein, wenn der
Gummi nicht unmittelbar auf dem Kupfer aufliegt, sondern
z. B. durch eine dünne Baumwollumspinnung getrennt ist.
Die verzinnten Drähte haben sich daher allgemein eingebürgert.

Mehrfachleitungen.

§ 8. a) Leitungsschnur zum Anschluss beweglicher Lampen und Apparate darf in trockenen Räumen verwendet werden, wenn jede der Leitungen in
folgender Art hergestellt ist:

Die Kupferseele besteht aus Drähten unter
0,5 Millimeter Durchmesser; darüber befindet sich
eine Umspinnung aus Baumwolle, welche von einer
dichten, das Eindringen von Feuchtigkeit verhindern-
den Schicht Gummi umhüllt ist; hierauf folgt wieder
eine Umwickelung mit Baumwolle und als äusserste
Hülle eine Umklöppelung aus widerstandsfähigem
Stoff, der nicht brennbarer sein darf als Seide oder
Glanzgarn.

Der geringste zulässige Querschnitt für biegsame
Leitungsschnur ist 1 Quadratmillimeter für jede Leitung.

b) Derartige biegsame Leitungsschnur darf nur
in vollständig trockenen Räumen und in einem Abstand von mindestens 5 Millimeter vor der Wand-
oder Deckenfläche, jedoch niemals in unmittelbarer
Berührung mit leicht entzündbaren Gegenständen
fest verlegt werden.

c) Beim Anschluss biegsamer Leitungsschnüre an
Fassungen, Anschlussdosen und andere Apparate
müssen die Enden der Kupferlitzen verlöthet sein.

Die Anschlussstellen müssen von Zug entlastet
sein.

Es sind im § 8 drei Arten von Mehrfachleitungen angeführt, nämlich (a—c) aus Kupferlitzen gebildete mit dichter
Umhüllung von Gummi; dies kann in diesem Falle Gummiband sein, sofern dies entsprechend dicht aufgewickelt ist;
unter d) sind Litzen verstanden mit nahtloser Gummischicht
umgeben; unter e) sind verdrillte Drähte angeführt. Diese
drei Sorten sind hier nur beispielsweise erwähnt, um die Bedingungen anzugeben, unter welchen die Leitungen gemäss
ihrer jeweiligen Beschaffenheit verlegt werden dürfen.

Da gerade im Gebiete der Mehrfachleitungen fortwäh-
rend Neuerungen auftauchen, so musste hier eine solche

Fassung der Vorschriften gewählt werden, welche es gestattet, auch ein neues Material durch Vergleich mit den in den Vorschriften genannten Sorten sinngemäss einzuordnen und zur Verwendung zu bringen.

Der kleinste zulässige Querschnitt ist für Litzen auf 1 qmm festgesetzt, wie für Drähte. Die im § 5 zugelassene Ausnahme für Beleuchtungskörper gilt nur für Drähte, da Litzen bei $3/4$ qmm Querschnitt nicht mehr genügende Sicherheit bieten.

Es ist hierbei in Betracht zu ziehen, dass von den einzelnen dünnen Drähten der Litze leicht einer oder der andere an der Anschlussstelle oder innerhalb der Leitungsstrecke den Zusammenhang mit den übrigen verlieren kann, so dass der wirklich leitende Querschnitt wesentlich reducirt wird.

Da die Mehrfachleitungen bei fester Verlegung wegen ihrer rauheren Oberfläche der Gefahr einer Beschädigung in höherem Maasse ausgesetzt sind als Drähte, und eine entstandene Verletzung wegen der grossen Nähe, in welcher sich die beiden Leitungen entgegengesetzter Polarität innerhalb der beweglichen Schnur befinden, erhöhte Gefahr mit sich bringt, so gilt die Benutzung der Mehrfachleitungen im Allgemeinen als weniger sicher. Andrerseits ist ihre Verwendung namentlich in künstlerisch ausgestatteten Luxusräumen vielfach beliebt. Es ist daher eine Einschränkung in dem Sinne gemacht, dass unmittelbare Berührung mit leicht entzündlichen Gegenständen (Gardinen, Jutevorhängen u. dergl.) vermieden werden muss. Dass es absolut unzulässig ist, verlegte Leitungsschnüre mit Tapete zu überkleben, versteht sich von selbst.

Die Verlöthung der Enden ist zur Erzielung eines guten Contaktes, der alle Drähte gleichmässig an der Stromleitung betheiligt, unerlässlich, namentlich aber auch, um sicher zu verhindern, dass nicht durch abstehende Drahtenden Kurzschluss entsteht; doch bedarf es einer gewissen Erfahrung, um beim Verlöthen nicht des Guten zu viel zu thun. Eine zu grosse Menge Löthmetall macht nämlich die Litze auf eine gewisse Erstreckung völlig steif und sie bricht alsdann beim Gebrauch an dem Punkt, wo die Verlöthung aufhört. Die Litze muss daher vor dem Erhärten des Löthzinnes abgewischt werden.

Ein leider sehr beliebtes, aber durchaus fehlerhaftes
Verfahren besteht darin, dass beim Abschalten beweglicher
Apparate von der Anschlussdose die Leitungsschnur ergriffen
und so lange gezogen wird, bis sich der Contaktstöpsel aus
seinen Federn löst. — Da aber auch unbeabsichtigter Weise
durch die Handhabung der beweglichen Apparate (Koch-
apparate, Tischlampen, Plätteisen) vielfach Zug auf die Leitungsschnüre geübt wird, so ist es empfehlenswerth, die Anschlüsse so zu gestalten, dass die Kupferlitze selbst entlastet
wird. Zu diesem Behufe kann die Umklöppelung oder noch
besser eine besondere mit der Litze verflochtene Trageschnur an
beiden Enden so befestigt werden, dass sie den Zug aufnimmt
(vergl. auch § 15 c). Es existiren Anschlussdosen, welche das
oben erwähnte missbräuchliche Verfahren dadurch verhindern,
dass sie nach Art eines Bajonnetverschlusses gebaut sind.
Um die zum An- und Abschalten erforderliche Drehung auszuführen, muss man den Knopf selbst erfassen und der
schlechten Gewohnheit, an der Schnur zu ziehen, wird so ent-
gegengearbeitet.

d) Biegsame Mehrfachleitungen zum Anschluss von Lampen und Apparaten sind in feuchte
Räumen und im Freien zulässig, wenn jeder Leiter
nach § 7 c und h hergestellt ist und die Leiter durch
eine Umhüllung von widerstandsfähigem Isolirmaterial
geschützt sind.

Die unter d) angeführte Sorte von Mehrfachleitungen
findet namentlich zur Montage von Bogenlampen, dann aber
auch für bewegliche Lampen in Kellern (z. B. Brauereien)
Anwendung. Für letzteren Zweck ist u. A. eine Sorte im
Gebrauch, deren äussere Umhüllung durch einen Gummi-
schlauch gebildet ist.

e) Drähte (bis 6 Quadratmillimeter Querschnitt),
deren Beschaffenheit mindestens den Vorschriften 7b
und h entspricht, dürfen verdrillt oder in gemein-
schaftlicher Umhüllung in trockenen Räumen wie
Einzelleitungen nach 7b fest verlegt werden.

Es erscheint oft wünschenswerth, die Zahl der Befestigungsstücke, welche eine Leitung tragen, möglichst zu ver-
ringern, um die Wände zu schonen und zugleich die ganze
Leitung dem Auge möglichst zu entziehen. Diesem Zweck
entspricht neben der biegsamen Doppelleitungsschnur auch
eine Doppelleitung, welche aus zwei isolirten Drähten besteht,
sei es, dass diese durch Verdrillen oder durch eine gemeinsame Umhüllung (Umspinnung oder Umklöppelung) mit einander verbunden sind.

Derartige Doppelleitungen sind zugelassen, wenn die
Isolation jedes einzelnen Drahtes so fest ist, dass es unmöglich
ist, beim Verdrillen sowie beim Befestigen oder bei der normalen sonstigen mechanischen Beanspruchung der Leitung
eine unmittelbare Berührung der beiden Kupferadern herbei-
zuführen. Die Drähte nach 7a dürfen daher in dieser Weise
nicht verwendet werden.

Verlegung.

§ 9. a) Alle Leitungen und Apparate müssen
auch nach der Verlegung in ihrer ganzen Ausdehnung
in solcher Weise zugänglich sein, dass sie jeder Zeit
geprüft und ausgewechselt werden können.

Durch diese Bestimmung ist es verboten, Drähte unmittelbar einzumauern oder in den Verputz zu verlegen, ebensowenig
dürfen sie einfach in den sogenannten Fehlboden d. h. unmittelbar hinter den Plafond oder unter den Fussboden einge-
zogen werden. Es ist vielmehr, wenn die Wandfläche glatt
und die Leitung unsichtbar bleiben soll, die Verlegung in
Röhren oder Kanälen anzuwenden und zwar in der Weise,
dass eine hinreichende Anzahl von Einführungs- und Abzwei-
gungsdosen vorgesehen wird, um die Drähte, ohne die Röhren
selbst zu verletzen, herausziehen und einführen zu können.
Es ist dies nothwendig, da unzugängliche Drähte in Bezug
auf ihre Beschaffenheit und die Veränderung, welche die Isolirschicht durch die in Mauern und Wänden enthaltene Feuchtigkeit oder sonstige schädliche Stoffe erleidet, nicht untersucht
werden können. Die entstehenden Fehler geben zu Erdschluss

und Kurzschluss Anlass, welcher alsdann oft an einer entfernten Stelle zu Ueberlastung und Entzündung führt. (Ueber die Verlegung der Rohre vergl. auch § 10e.)

b) Drahtverbindungen. Drähte dürfen nur durch Verlöthen oder eine gleich gute Verbindungsart verbunden werden. Drähte durch einfaches Umeinanderschlingen der Drahtenden zu verbinden, ist unzulässig.

Zur Herstellung von Löthstellen dürfen Löthmittel, welche das Metall angreifen, nicht verwendet werden. Die fertige Verbindungsstelle ist entsprechend der Art der betreffenden Leitungen sorgfältig zu isoliren.

Abzweigungen von frei gespannten Leitungen sind von Zug zu entlasten.

Zum Anschlusse an Schalttafeln oder Apparate sind alle Leitungen über 25 Quadratmillimeter Querschnitt mit Kabelschuhen oder einer gleichwerthigen Verbindungsart zu versehen. Drahtseile von geringerem Querschnitt müssen, wenn sie nicht gleichfalls Kabelschuhe erhalten, an den Enden verlöthet werden.

Das elektrische Leitungsvermögen darf an einer Verbindungsstelle des Drahtes nicht geringer sein, als innerhalb des Drahtes selbst. Es ist demnach selbstverständlich, dass das häufig von unberufenem Personal beliebte Verfahren, die Drähte einfach umeinander zu würgen, unzulässig ist. Es bleibt hierbei stets eine Oxydschicht zwischen den beiden zu verbindenden Drahtenden, welche im Laufe der Zeit ihren Widerstand immer mehr erhöht; besonders dann, wenn der Zutritt von Feuchtigkeit nicht ausgeschlossen ist. Als eine dem Verlöthen gleichwerthige Verbindungsart ist der Drahtbund nach Arlt und Mc Intire vorgeschlagen worden, bei welchem eine Hülse von zähem Metall über die Drähte geschoben und mit denselben verdrillt wird. Die hierbei erzielte Vergrösserung der Uebergangsfläche, verbunden mit dem ziemlich

zuverlässigen Abschluss von Luft und Feuchtigkeit, lassen das
Verfahren bei sorgfältiger Ausführung als zulässig erscheinen.
Es empfiehlt sich jedoch, wo nicht dringende Gründe
maassgebend sind, welche z. B. die Handhabung des Löthkol•
bens oder freier Löthflamme verbieten, das genannte sowie ähn-
liche Ersatzmittel des Löthens nach Möglichkeit zu vermeiden.
Als Löthmittel kann zweckmässig Kolophonium, auf keinen Fall
Säure verwendet werden. Die Isolirung der Löthstelle erfolgt
entsprechend der angewendeten Drahtsorte mit Isolirband,
Guttaperchapapier und sogenanntem Compound. Dabei ist
hauptsächlich auf einen guten Anschluss an die unverletzte
Hülle des Drahtes zu achten, welcher ein Eindringen von
Feuchtigkeit wirksam verhindert.

Die Entlastung der Abzweigungen geschieht durch Be•
festigungsmittel (Isolirglocken, Rollen etc.), die in unmittelbarer
Nähe der Verzweigung so angeordnet werden, dass sie den
abgezweigten Theil tragen, ohne die Hauptleitung aus ihrer
Lage zu bringen.

Die Benutzung von Kabelschuhen bezw. die Verlöthung
schwächerer Drahtseile ist nöthig, damit alle einzelnen Drähte
sowohl an der mechanischen Beanspruchung als an der Stromleitung gleichmässig Antheil nehmen. Auch bei der Verbindung von Drähten mit Apparaten, Sicherungen, Fassungen
u. dergl. ist auf guten Contact Rücksicht zu nehmen. Bei den
hier gewöhnlich benutzten Verschraubungen ist für eine reine
und genügend grosse Berührungsfläche zu sorgen; stärkere
Drähte sind stets flach zu hämmern.

Es ist auch verboten, zwei Drähte durch eine frei hängende Klemmschraube zu verbinden. Dieses Hilfsmittel ist
ausschliesslich zu vorübergehenden Verbindungen anzuwenden,
wie sie bei Versuchen im Laboratorium u. s. w. benöthigt
werden, niemals aber zu dauerndem Anschluss; denn es ist
klar, dass, abgesehen von der Oxydation der Verbindungsstellen, schon durch die Schwingungen, welche die frei hängende Masse der Klemme stets ausführen wird, ein Zug auf
die Berührungsstellen und damit allmähliche Lockerung der
Verbindung entsteht. Ist es an irgend einer Stelle erwünscht,
eine lösbare Verbindung zwischen zwei Drähten zu haben, so
setze man eine mit entsprechender Unlerlage an der Wand

oder Decke befestigte Anschlussklemme ein, wie sie zum Gebrauch von kleinen Schaltbrettern, Anschlussdosen u. dergl. hergestellt werden.

c) **Kreuzungen** von stromführenden Leitungen unter sich und mit sonstigen Metalltheilen sind so auszuführen, dass Berührung ausgeschlossen ist. Kann kein genügender Abstand eingehalten werden, so sollen isolirende Röhren übergeschoben oder isolirende Platten dazwischengelegt werden, um die Berührung zu verhindern. Röhren und Platten sind sorgfältig zu befestigen und gegen Lagenveränderung zu schützen.

Diese Bestimmungen sind ohne Weiteres verständlich und bedürfen daher keiner besonderen Erläuterung.

d) **Wand- und Deckendurchgänge.** Für diese ist womöglich ein hinreichend weiter Kanal herzustellen, um die Leitungen der gewählten Verlegungsart entsprechend frei hindurchführen zu können. Ist dies nicht angängig, so sind haltbare Rohre aus isolirendem Material — Holz ausgeschlossen — einzufügen, welche ein bequemes Durchziehen der Leitungen gestatten. Die Rohre sollen über die Wand- und Deckenflächen vorstehen. Ist bei Fussbodendurchgängen die Herstellung von Kanälen nicht zulässig, dann sind ebenfalls Rohre zu verwenden, welche jedoch mindestens 10 Centimeter über dem Fussboden vorstehen und vor Verletzungen geschützt sein müssen.

Hiernach sind alle Durchführungen, sofern sie nicht in weiten Kanälen bewerkstelligt werden, mit Hülfe von Rohren auszuführen. Porzellan-, Hartgummi-, Papier-, Eisenrohre sind zulässig. Es ist demnach unter Anderm durchaus verboten, Thür- oder Fensterrahmen, Holzwände, Schalttafeln u. s. w. einfach zu durchbohren und die Drähte durch das enge Loch ohne Weiteres hindurchzuführen; stets sind Führungen einzusetzen, welchen man passend abgerundete Enden gibt, um das Scheuern des Drahtes an den Rohrkanten zu vermeiden (vergl. auch § 10 h).

e) Schutzverkleidungen sind da anzubringen, wo Gefahr vorliegt, dass Leitungen beschädigt werden können, und sollen so hergestellt werden, dass die Luft zutreten kann. Leitungen können auch durch Rohre geschützt werden.

Wo die Gefahr einer Verletzung vorliegt, kann nicht allgemein angegeben werden; es richtet sich dies nach der Beschaffenheit und Benutzungsart der Oertlichkeit. Diese Gefahr ist z. B. stets vorhanden, soweit die Leitungen in Betriebsstätten, an denen grössere Werkstücke und Werkzeuge gehandhabt werden, im Handbereiche liegen. Besonders gefährdet sind die Fussbodendurchgänge, ferner auch Leitungen, welche unmittelbar auf den Fussböden, z. B. auf dem eines Speichers geführt sind. Diese bedürfen eines Schutzes auch dann, wenn der Speicher in der Regel nicht betreten wird. Ueberhaupt ist das Verlegen auf der Oberkante oder Oberfläche von horizontal verlaufenden Constructionstheilen der Gebäude viel weniger zu empfehlen, als die Benutzung der unteren oder seitlichen Flächen zu diesem Zweck.

———

III. Isolirung und Befestigung der Leitungen.

———

§ 10. Für die Befestigungsmittel und die Verlegung aller Arten Drähte gelten folgende Bestimmungen.

a) Isolirglocken dürfen im Freien nur in senkrechter Stellung, in gedeckten Räumen nur in solcher Lage befestigt werden, dass sich keine Feuchtigkeit in der Glocke ansammeln kann.

b) Isolirrollen und -ringe müssen so geformt und angebracht sein, dass der Draht in feuchten Räumen wenigstens 10 Millimeter und in trockenen Räumen wenigstens 5 Millimeter lichten Abstand von der Wand hat.

Bei Führung längs der Wand soll auf je 80 Centimeter mindestens eine Befestigungsstelle kommen. Bei Führung an den Decken kann die Entfernung im Anschluss an die Deckenkonstruktion ausnahmsweise grösser sein.

c) Klemmen müssen aus isolirendem Material oder Metall mit isolirenden Einlagen und Unterlagen bestehen.

Auch bei Klemmen müssen die Drähte von der Wand einen Abstand von mindestens 5 Millimeter haben. Die Kanten der Klemmen müssen so geformt sein, dass sie keine Beschädigung des Isolirmaterials verursachen können.

Die Bestimmungen des § 10 (a—c) sind so klar und einfach, dass sie einer besonderen Erläuterung kaum bedürfen. Zu beachten ist, dass der angegebene Abstand von der Wand an jeder Stelle des Drahtes vorhanden sein muss; es sind also dort, wo die Leitung vorspringende Theile, wie Verzierungen, Thürstöcke u. dergl. kreuzt oder um vorspringende Ecken geführt wird, die Befestigungsstücke so zu vertheilen bezw. auf die vorspringenden Gegenstände selbst zu setzen, dass die gegebenen Maasse überall eingehalten sind.

Die geforderten Abstände von der Wand werden am einfachsten durch entsprechende Auswahl der Grösse der Rollen erlangt. Es sind also für feuchte Räume grössere Rollen nöthig, als für trockene. Die so festgelegte Grösse der Befestigungsstücke regelt von selbst auch zugleich den Abstand der Drähte unter sich, soweit hierfür nicht in § 6 für blanke und in § 7 für doppelt umsponnene Drähte ohne Gummiisolirung schärfere Forderungen aufgestellt sind.

d) **Mehrleiter** dürfen nicht so befestigt werden, dass ihre Einzelleiter aufeinander gepresst sind; metallene Bindedrähte sind hierbei nicht zulässig.

Die Bestimmung für Mehrfachleiter hat den Zweck, die Gefahr eines Kurzschlusses zu vermeiden, welche insbesondere bei biegsamen Schnüren vorhanden ist, da diese gegen Druck weniger widerstandsfähig sind als massive Drähte. Metallene Bindedrähte sind zwar sehr bequem zu handhaben, sie schneiden jedoch so sehr in die Isolirschicht der Leitungen ein, besonders wenn sie — was sehr nahe liegt — durch Zusammenwürgen ihrer Enden mit der Zange gebunden werden, dass mehr oder weniger starke Verletzungen der Leitung fast unvermeidlich werden. Man verwendet hier am besten in schmale Streifen geschnittenes Isolirband oder Bindeschnur.

e) **Rohre** können zur Verlegung von isolirten Leitungen mit einer Isolation nach § 7 b oder c unter Putz, in Wänden, Decken und Fussböden verwendet werden, sofern sie den Zutritt der Feuchtigkeit dauernd verhindern. Es ist gestattet, Hin- und Rückleitungen in dasselbe Rohr zu verlegen; mehr als drei Leiter in demselben Rohr sind nicht zulässig. Bei Verwendung metallener Röhren für Wechselstromleitungen müssen Hin- und Rückleitungen in demselben Rohre geführt werden. Drahtverbindungen dürfen nicht innerhalb der Rohre, sondern nur in sogenannten Verbindungsdosen ausgeführt werden, welche jederzeit leicht geöffnet werden können. Die lichte Weite der Rohre, die Zahl und der Radius der Krümmungen, sowie die Zahl der Dosen müssen so gewählt werden, dass man die Drähte jederzeit leicht einziehen und entfernen kann.

Die Rohre sind so herzurichten, dass die Isolation der Leitungen durch vorstehende Theile und scharfe Kanten nicht verletzt werden kann; die Stossstellen müssen sicher abgedichtet sein. Die Rohre sind so zu verlegen, dass sich an keiner Stelle Wasser ansammeln kann. Nach der Verlegung ist die höher gelegene Mündung des Rohrkanals luftdicht zu verschliessen.

Da in den Rohren die Drähte dicht nebeneinander liegen, so dürfen solche von geringwerthiger Isolation, wie z. B. die in § 7a namhaft gemachten, lediglich umsponnenen Leitungen in Rohren nicht verlegt werden. Benutzt man jedoch Drähte mit Gummiisolirung, wie die unter § 7b aufgeführten, so ist die Verlegung in Rohren sehr empfehlenswerth, da die Drähte vor Lageänderung, sowie vor Beschädigung geschützt sind und ausserdem ein etwa auftretender Kurzschluss erfahrungsgemäss innerhalb des Rohres ohne Brandgefahr verläuft. Mehr als eine zusammengehörige Hin- und Rückleitung sollen nicht in dasselbe Rohr gelegt werden. Beim Anschluss kleiner Drehstrommotoren bedarf es hierzu dreier Drähte. Auch können bei Gleichstromanlagen drei Drähte zusammengehören, wenn sie z. B. zu einer Lampengruppe führen, die von mehreren Punkten aus ein- und ausschaltbar sein soll (sogenannte Wechselschalter oder Gruppenschalter).

Wie bereits bei § 9 d erwähnt wurde, eignen sich Rohre namentlich zu Leitungen, die dem Auge entzogen, also in die Wand eingelegt werden sollen.

Derartige Einrichtungen werden zweckmässig in der Weise ausgeführt, dass man die Rohre während des Baues in den Verputz verlegt, die Drähte aber erst nach vollendeter Austrocknung einzieht. Dies wird, wie in den Bestimmungen angegeben, durch passende Führung der Rohre und eine entsprechende Zahl von Einführungsdosen ermöglicht.

Auch die Entfernung der Drähte aus den Rohren behufs Auswechselung zu schwacher oder fehlerhafter Strecken vollzieht sich unter diesen Bedingungen ohne Schwierigkeit. Sollte eine Leitung in Folge von Ueberhitzung im Rohre festgeklebt sein, so kann sie durch mehrmaliges Drillen um ihre Längsachse (etwa mit Hülfe einer Bohrwinde) leicht gelockert werden.

Die Ansammlung von Wasser ist durch passendes Gefälle, dessen tiefste Stelle in eine Dose mündet, leicht zu vermeiden. Der Bildung von Wasser in den Rohren, welche meistens auf Temperaturwechsel zurückzuführen ist (Condensationswasser), wird auch durch den Verschluss der oberen oder beider Mündungen entgegengewirkt. Würden nämlich beide Enden einer verticalen Rohrleitung offen sein, so kann leicht ein fortdauernder feuchtwarmer Luftstrom durch die zwischen der oberen und unteren Oeffnung vorhandenen Temperatur- und Druckunterschiede entstehen; ist dabei die das Rohr umgebende Mauer kälter als die hindurchströmende Luft, so kann die letztere unter Umständen fortgesetzt Wasser innerhalb des Rohres ausscheiden. Stagnirt die Luft innerhalb des Rohres, so wird sie nur selten erhebliche Mengen von Wasser abgeben, welches, wenn die unteren Enden des Rohrnetzes offen sind, von selbst abfliesst. Um erhebliche und schroffe Temperaturwechsel der Rohre zu vermeiden, empfiehlt es sich, letztere thunlichst nicht in die Aussenwände der Gebäude zu legen.

f) Holzleisten sind nicht gestattet.

Es ist bekannt, dass Holzleisten schon sehr vielfach zu Brandfällen Anlass gegeben haben. Obwohl diese Art der Ver-

legung, welche sich rasch ausführen lässt und die Dräthe gegen
Verletzungen schützt, eine Zeit lang sehr verbreitet war, so
hat sich doch nach und nach ein ernstes und wohlbegründetes
Misstrauen gegen ihre weitere Anwendung festgesetzt, und
schon vor Jahren sind die Holzleisten von einzelnen Elektricitätswerken, wie z. B. von den Berliner Elektricitäts-Werken
auf Grund der gemachten schlechten Erfahrungen verboten
worden. Da in der Folge ihre Verwendung auch anderwärts
erheblich eingeschränkt worden ist und bessere Verlegungsarten ausgebildet worden sind, so konnte bei der Aufstellung
dieser Vorschriften die Anwendung der Holzleisten gänzlich
untersagt werden, ohne eine Störung der Installationstechnik
befürchten zu müssen.

Die Gefährlichkeit der Holzleisten beruht in Folgendem:
Sie werden fast ausschliesslich aus leichten weichen Holzarten
hergestellt, welche die Feuchtigkeit begierig aufsaugen und
festhalten. Unterstützt durch die löslichen Bestandtheile des
Holzes und die bei der Fäulniss entstehenden Stoffe greift die
Feuchtigkeit die Isolirhülle der Drähte und letztere selbst an;
es bilden sich u. A. Kupfersalze, welche das Holz leitend machen
so dass sich ein vom Draht über und durch die Holzleiste nach
der Erde verlaufender Strom ausbildet, der unter Umständen
die weitere Zerstörung des Drahtes unterstützt. Schliesslich
wird entweder der theilweise zerfressene Draht so schwach,
dass er auch durch den normalen Strom zum Glühen kommt
und, ohne dass die zugehörige Bleisicherung in Wirkung tritt,
die Leiste in Brand setzt; oder es bildet sich zwischen den
beiden Poldrähten ein durch das zersetzte und imprägnirte
Holz gehender Strom aus, welcher die zu mittelmässigen Leitern gewordenen Holztheile zum Glühen bringt.

Es ist mehrfach beobachtet worden, dass solche Brandfälle
auch in scheinbar trockenen Räumen dadurch entstanden sind,
dass die die Leiste tragende Wand oder Decke vorübergehend
an einer beschränkten Stelle feucht wurde, indem z. B. eine in
der Wand verlaufende Wasserleitung leckte oder indem von
einem über der Leitung befindlichen Stockwerke her Wasser
durch die Decke sickerte, oder wenn infolge einer Undichtheit
in der Bedachung Regen- und Schneewasser eindrang. Als
besonders gefährlich hat sich die mit Tapete überzogene Holz-

leiste erwiesen, da sie das Wasser aus der Mauer aufnimmt,
ohne es an ihrer Oberfläche wieder verdunsten zu können. Bedenkt man ausserdem, dass die Holzleiste häufig dazu benutzt
wurde, um einen zu irgend welchen häuslichen Zwecken die-
nenden Nagel oder Haken aufzunehmen, welcher bei etwas
schiefer Stellung Kurzschluss verursachte, so ergibt sich eine
ungezwungene Erklärung der ausserordentlich grossen Zahl
von Fällen, in welchen Brandschäden an Holzleisten ihren
Ausgangspunkt genommen haben.

Man hat versucht, die Leisten mit fäulnisswidrigen Stoffen
oder mit solchen, welche sie wasserundurchlässig machen, zu
tränken, doch hat sich dies nicht bewährt, da diese Stoffe entweder selbst den Draht angreifen oder die Entzündlichkeit
der Leiste noch erhöhen, zum Theil üblen Geruch oder Flecken
auf den Wänden verursachen. Auch untergelegte Porzellan-
scheiben, welche die Leiste von der Wand entfernt halten, sind
ein ungenügendes Mittel, da sie nicht hindern, dass die Leiste
mit Tapete überklebt und so die im § 9 a geforderte Zugäng-
lichkeit der Leitung zu Nichte gemacht wird.

Wo der nothwendige Schutz der Leitungen nicht durch
Rohre erreicht werden kann, oder diese aus besonderen
Gründen nicht verwendet werden sollen, ist ein aus Brettern
oder Blech hergestellter Kanal über die auf] Rollen oder
Glocken verlegte Leitung zu bauen, welcher die Luft frei
zutreten lässt.

g) Einführungsstücke. Bei Wanddurchgängen
ins Freie sind Einführungsstücke von isolirendem und
feuersicherem Materiale mit abwärts gekrümmtem
Ende zu verwenden.

h) Bei Durchführung der Leitungen durch
hölzerne Wände und hölzerne Schalttafeln müssen
die Oeffnungen durch isolirende und feuersichere
Tüllen ausgefüttert sein.

Diese Bestimmungen bilden die sinngemässe Ergänzung
zu den unter § 9 d aufgestellten Forderungen.

Krampen sind unter den im § 10 erwähnten Befesti-
gungsmitteln nicht angeführt. Sie sind daher als unzulässig

zu betrachten. Es ergibt sich dies übrigens folgerichtig daraus, dass der auch bei den Klemmen geforderte Abstand der Drähte von der Wand bei Anwendung von Krampen nicht eingehalten werden könnte. Ausserdem ist es bekannt, dass die Beschädigung der Drähte, Litzen und Kabel bei Befestigung durch Krampen niemals sicher vermieden werden kann.

———————

IV. Apparate.

§ 11. Die stromführenden Theile sämmtlicher in eine Leitung eingeschalteten Apparate müssen auf feuersicherer, auch in feuchten Räumen gut isolirender Unterlage montirt und von Schutzkästen derart umgeben sein, dass sie sowohl vor Berührung durch Unbefugte geschützt, als auch von brennbaren Gegenständen feuersicher getrennt sind.

Die stromführenden Theile sämmtlicher Apparate müssen mit gleichwerthigen Mitteln und ebenso sorgfältig von der Erde isolirt sein, wie die in den betreffenden Räumen verlegten Leitungen. Bei Einführung von Leitungen muss der für die Leitung vorgeschriebene Abstand von der Wand gewahrt bleiben. Die Kontakte sind derart zu bemessen, dass durch den stärksten vorkommenden Betriebsstrom keine Erwärmung von mehr als 50° C. über. Lufttemperatur eintreten kann. Für Schalttafeln in Betriebsräumen gilt § 3.

Nach dieser Bestimmung ist es durchaus unzulässig, stromführende Theile von Apparaten unmittelbar auf Holz zu montiren. Holz ist gegen Feuchtigkeit nicht genügend widerstandsfähig. In der That ist auch bei den meisten gegenwärtig in Gebrauch befindlichen Apparaten wie Ausschalter, Sicherungen u. s. w. das früher viel benutzte Holz durch Porzellan oder Schiefer oder ähnliche Materialien ersetzt, welche der Feuchtigkeit widerstehen und gleichzeitig unverbrennlich und schlechte Wärmeleiter sind.

Der Schutz vor Berührung durch Unberufene ist insbesondere dort von Wichtigkeit, wo der die Apparate enthaltende
Raum einer grösseren Anzahl von Menschen zugänglich ist.
Es sei hier beispielsweise auf Vertheilungsschaltbretter in
Wirthschaften und Vergnügungslokalen hingewiesen. Diese
müssen, wenn sie nicht in abgesperrten Gelassen unterge-
bracht oder hoch über Handbereich angeordnet sind, mit (womöglich verschliessbaren) Schutzkästen umgeben sein. Soll
die Einrichtung sichtbar bleiben, so kann eine Glasthür angebracht werden. Oft ist es vorgekommen, dass Kleidungs-
stücke u. dergl. auf oder über die Apparate gehängt wurden;
in diesem Falle kann leicht ein Metallknopf oder dergl. Kurzschluss verursachen, wenn die Schutzhülle fehlt.

Der zweite Absatz dieses Paragraphen wendet sich gegen
ein oft zu beobachtendes fehlerhaftes Verfahren, wonach zwar
die Leitungen auf Glocken, Rollen u. dergl. sorgfältig von
Erde isolirt, die Ausschalter aber unmittelbar auf die Mauer
aufgesetzt sind. Ist z. B. die Leitung auf Doppelglocken geführt, so müssen auch die Apparate mit einer solchen Isolirung
versehen sein, dass die Feuchtigkeit von den stromführenden
Theilen ebenso gut abgehalten wird, wie von dem auf der
Glocke sitzenden Draht. Es gibt bereits eine ganze Anzahl
von Bauarten, welche dieser Bedingung genügen. Ihre Nothwendigkeit ist leicht einzusehen, wenn man bedenkt, dass bei
den Ausschaltern, Sicherungen u. s. w. stets blanke Theile
vorhanden sind, welche zu Erdschluss viel leichter Anlass
geben, als der in der Regel noch mit einer Isolirhülle überzogene Draht.

Ueber die für die verschiedenen Stromstärken erforder-
lichen Grössen der Kontaktflächen bestehen zur Zeit noch
keine Normalien. Es ist auch nicht nur der Flächeninhalt
maassgebend, sondern ausserdem darauf zu sehen, dass die
Kontakte gut aufeinander passen, womöglich schleifend arbeiten, dass sie stets blank sind und dass etwa vorhandene
Federn nicht lahm sind.

Sicherungen.

§ 12. a) Sämmtliche Leitungen von der Schalttafel ab sind durch Abschmelzsicherungen zu schützen.

Sicherungen sind nur für die von der Schalttafel aus weiterführenden Leitungen vorgeschrieben. Die unverzweigte Hauptleitung, welche den gesammten Maschinenstrom von der Maschine zum Schaltbrett führt, muss also nicht nothwendig gesichert sein. Diese Fassung ist dadurch begründet, dass einerseits ein Kurzschluss des gesammten Maschinenstromes bei den überwiegend benutzten Nebenschlussmaschinen sofort die Feldwickelung stromlos macht, so dass die Gefahr für die Ankerwickelung dadurch von selbst behoben wird. Andererseits ist zu bedenken, dass die plötzliche Unterbrechung des gesammten Stromes, wie sie beim Abschmelzen einer unmittelbar an den Maschinenpolen angeordneten Hauptsicherung eintritt, namentlich bei grösseren Maschinenanlagen, eine sehr grosse Gefahr für die ganze Anlage dadurch herbeiführt, dass die Antriebsmaschine plötzlich entlastet wird. Es springen die Treibriemen ab, die Dampfmaschine „brennt durch". Man muss es daher dem Besitzer oder Installateur der Anlage überlassen, ob er vorzieht, den Anker der Dynamo oder die Dampfmaschine der Gefahr der Zerstörung auszusetzen.

b) Die Sicherung ist, mit Ausnahme des unter g angeführten Falles, lediglich nach dem Querschnitt des dünnsten von ihr gesicherten Drahtes zu bemessen, und zwar bestimmt sich die höchste zulässige Abschmelzstromstärke nach folgender Tabelle:

Drahtquerschnitt in Quadratmillimeter	Betriebsstromstärke in Ampère	Abschmelzstromstärke in Ampère
0,75	3	6
1	4	8
1,5	6	12
2,5	10	20
4	15	30
6	20	40

Drahtquerschnitt in Quadratmillimeter	Betriebsstromstärke in Ampère	Abschmelzstromstärke in Ampère
10	30	60
16	40	80
25	60	120
35	80	160
50	100	200
70	130	260
95	160	320
120	200	400
150	230	460
210	300	600
300	400	800
500	600	1200

Es ist zulässig, die Sicherung für eine Leitung schwächer zu wählen, als sie nach dieser Tabelle sein sollte.

Es ist eine Streitfrage gewesen, ob die Sicherungen nach dem Querschnitt der Leitungen oder nach der normalen Betriebsstromstärke bemessen werden sollen. In den vorliegenden Vorschriften ist die erstere Bestimmungsart festgesetzt worden und zwar aus folgenden Gründen. Nur auf diese Weise ist es möglich, einheitliche Bestimmungen über die Abmessungen der überhaupt zur Verwendung kommenden Sicherungen aufzustellen; denn die Grösse der Contaktschrauben muss sich nach dem Querschnitt des anzuschliessenden Drahtes richten. Nachdem nun durch den Verband deutscher Elektrotechniker Normalien für die Abstufung der Drahtquerschnitte aufgestellt sind, ergibt sich durch den Anschluss an diese von selbst eine Norm für die zu verwendenden Sicherungen. Für die Vereinfachung der Fabrikation, des Handels und des gesammten Installationswesens ist dies ein nicht zu unterschätzender Vortheil. Die Festlegung der Sicherungen nach dem Leitungsquerschnitt gestattet ferner eine einfache Controle, welche unabhängig davon ist, ob eine bestimmte Leitung vorübergehend oder dauernd stärker belastet wird, als es bei der ersten Einrichtung der Fall war. Da die meisten Anlagen auf späteren Zuwachs an Stromverbrauch berechnet

und ausgeführt werden, so brauchen, wenn dieser Zuwachs
eintritt, die Sicherungen nicht ausgewechselt zu werden. Für
die Bemessung der Sicherungen nach der Stromstärke würde
sich allerdings der Grund anführen lassen, dass nicht nur die
Leitungen, sondern auch die Apparate, wie z. B. die Lampenfassungen, Ausschalter u. s. w. geschützt werden sollen. Wie-
wohl diese Begründung nicht ungerechtfertigt ist, so lässt sich
doch gegen sie der Umstand geltend machen, dass die Ausschalter in der Regel ebenfalls dem Leitungsquerschnitt angepasst werden, was schon wegen der Bemessung der Klemm-
schrauben u. s. w. angezeigt ist; ferner dass auch die Fassungen
der Lampen meistens das Einsetzen einer Lampe von höherer
Kerzenstärke ohne Weiteres aushalten. Würde aber aus Versehen z. B. eine Lampe von 50 Volt in eine mit 100 Volt be-
triebene Anlage eingesetzt, so wird in der Regel der Glüh-
faden der Lampe rascher zerstört sein, als die nach der normalen Stromstärke bemessene Sicherung; auch ist es fraglich,
ob letztere beim Einsetzen nur einer derartig falsch gewählten
Lampe funktioniren wird, da in den meisten Fällen die Sicherung mehreren Lampen gemeinsam ist. Uebrigens ist für
besondere Fälle eine Ausnahme zugelassen (vergl. § 12 h).

c) Sicherungen sind an allen Stellen, wo sich
der Querschnitt der Leitung ändert, auf sämmtlichen
Polen der Leitung anzubringen, und zwar in einer
Entfernung von höchstens 25 Centimeter von der Abzweigstelle. Das Anschlussstück kann von geringerem Querschnitt sein als die Hauptleitung, welche
durch dasselbe mit der Sicherung verbunden wird,
ist aber in diesem Falle von entzündlichen Gegenständen feuersicher zu trennen und darf dann nicht
aus Mehrfachleitern hergestellt sein. Bei Gleichstrom-
Dreileiteranlagen sollen im Mittelleiter Sicherungen
von der $1\frac{1}{2}$ fachen Stärke der Aussenleitersicherungen
angebracht werden; liegt der Mittelleiter jedoch
dauernd an Erde, so sind überhaupt keine Mittel-
leitersicherungen anzuwenden.

Hier ist zunächst auf die im § 12g für einen besonderen Fall zugelassene Ausnahme hinzuweisen. Im Allgemeinen aber ist die Forderung, dass jede Querschnittsänderung einer dem kleineren Querschnitt angepassten Sicherung bedarf, ohne Weiteres durch die Natur der Sache geboten. Wenn andrerseits die Rücksichten auf Einfachheit und Uebersichtlichkeit auf eine möglichst geringe Zahl und thunlichste Concentrirung der Sicherungen (§ 12c) hinweisen und das Bestreben hiernach noch durch die weitere Ueberlegung unterstützt wird, dass jede Sicherung eine Widerstandsvermehrung und einen Punkt geringeren Isolationsvermögens, welcher Beschädigungen leichter ausgesetzt ist, in die Anlage hineinbringt, so ist diesen Gesichtspunkten dadurch Rechnung zu tragen, dass man den Querschnitt der Leitungen nicht allzu oft ändert, sondern grössere Lampengruppen mit einem und demselben Leitungsquerschnitt einrichtet. Es wird dadurch an manchen Stellen zwar ein stärkerer Draht benutzt werden, als durch die Belastung unbedingt gefordert wäre, doch kommt dies der mechanischen Festigkeit zu Gute und gewährt die Möglichkeit, später kleine Vermehrungen der Lampenzahl oder Erhöhungen der Kerzenstärke ohne Weiteres vornehmen zu können. Die Installation wird durch das empfohlene Verfahren bedeutend vereinfacht, ohne dass sich die Kosten wesentlich erhöhen.

Die Sicherung selbst hat ihren natürlichen Platz unmittelbar an der Abzweigstelle in der Weise, dass der eine Pol der Sicherung mit der Hauptleitung, der andere mit der abzweigenden Leitung verbunden wird. Ist dies nicht durchführbar, soll die Sicherung z. B. leichter zugänglich gemacht werden, oder ist an der Abzweigstelle kein Raum vorhanden, so ist zunächst ein Zweigdraht von derselben Stärke wie die Hauptleitung bis zur Sicherung zu führen und hier erst mit der dünneren Zweigleitung zu beginnen. Manchmal lässt sich jedoch auch dies Verfahren nicht streng durchführen, weil die Hauptleitung einen sehr viel grösseren Querschnitt besitzt als die abzuzweigende. Es sei z. B. der Fall angenommen, dass eine Steigleitung von etwa 25 qmm einen Raum durchläuft, in welchem eine einzelne Glühlampe eingerichtet werden soll. Dann ist es nicht möglich, in die für eine Lampe be-

messene Sicherung die starke Hauptleitung einzuführen und
richtig zu befestigen.

In diesem Ausnahmefall ist es nun zugelassen, die von
der Hauptleitung nach der Sicherung führenden Drähte vom
Querschnitt der dünneren Zweigleitung zu wählen oder eine
angemessene Zwischenstufe der Drahtstärke zu benutzen. Da
jedoch dieses Zwischenstück alsdann thatsächlich eines voll-
kommenen Schutzes entbehrt, so sind besondere Maassregeln
vorgeschrieben, welche die in dieser Anordnung liegende
Gefahr thunlichst vermindern sollen. Es muss nämlich erst-
lich das ungesicherte Stück so kurz als möglich sein — nicht
über 25 cm —; zweitens dürfen Mehrleiter nicht verwendet
werden, da sie weniger Festigkeit und Widerstandsfähigkeit
haben und leichter zu Kurzschluss Anlass geben als zwei
getrennte Leiter; endlich müssen entzündliche Gegenstände
fern gehalten werden; es darf also die Befestigung nur auf
unverbrennlichen Wänden oder Unterlagen geschehen, Holz-
verschalungen, brennbare Materialien u. dergl. müssen durch
besondere feuersichere Zwischenlagen dauernd abgeschieden
werden. Dieser Schutz muss so beschaffen sein, dass das
Zwischenstück im Falle eines Kurzschlusses oder dergl. völlig
ausbrennen kann, ohne dass die Gefahr einer Brandstiftung
entsteht. Es darf jedoch von der ausnahmsweisen Benutzung
eines dünneren Drahtes überhaupt kein Gebrauch gemacht
werden, wenn eine bewegliche Leitungsschnur abgezweigt
werden soll (§ 12i).

Dass jeder Pol der Leitung gesichert werden muss,
sollte einer besonderen Erläuterung nicht bedürfen. Doch
war es früher vielfach üblich, sich mit einpoligen Sicherungen
zu begnügen, wobei diese in der ganzen Anlage durchweg
in dem gleichen Pol der Leitung angeordnet wurden. Die
Ansicht, dass dieses Verfahren ausreiche, ist indessen unzu-
treffend. Denn abgesehen davon, dass es schwer controlirbar
ist, ob die Sicherung wirklich überall in demselben Pole liegt,
und dass bei nachträglichen Veränderungen und Erweiterungen leicht Fehler in dieser Richtung entstehen, lässt sich
der Nachweis führen, dass eine derartige Anordnung nicht
vor Brandgefahr schützt. Bildet sich nämlich ein Kurzschluss
zwischen einer dünnen Abzweigung des ungesicherten Pols

und der stärkeren Hauptleitung des anderen Pols, so wird
der entstehende Strom unter Umständen die ungesicherte
dünne Zweigleitung zum Glühen bringen und ihre Isolation
in Brand setzen, ohne dass die der Hauptleitung angepasste
stärkere Sicherung schmilzt.

Beim Dreileitersystem ist für den Mittelleiter eine stärkere
Sicherung als für die Aussenleiter vorgeschrieben. Dadurch
wird erreicht, dass bei einem Kurzschluss zwischen Mittelleiter und einem der Aussenleiter die in letzterem liegende
Sicherung zuerst abschmilzt. Würden alle Sicherungen gleich
stark sein und zufällig die des Mittelleiters allein abschmelzen,
so kann es vorkommen, dass durch Vermittelung des im
einen Zweig vorhandenen Kurzschlusses sämmtliche Lampen
des andern Zweiges mit der gesammten zwischen den Aussen-
leitern herrschenden Spannung beansprucht werden. Dabei
gehen die Lampen nicht nur zu Grunde, sondern sie zerspringen explosionsartig, wodurch Menschen verletzt werden
können.

Die Bestimmung, wonach der an Erde gelegte Mittelleiter überhaupt keiner Sicherung bedarf, gilt selbstverständlich nur für diejenigen Strecken der Leitung, welche wirklich
den 'Charakter des im Allgemeinen stromlosen, reinen Aus-
gleichedrahtes haben. Werden · in einzelnen Theilen der
Dreileiteranlage die beiden Hälften des Systems getrennt geführt, so sind sie von der Trennungsstelle an wie Theile einer
Zweileiteranlage zu behandeln.

· d) Die Sicherungen müssen derart konstruirt sein,
dass beim Abschmelzen kein dauernder Lichtbogen
entstehen kann, selbst dann nicht, wenn hinter der
Sicherung Kurzschluss entsteht; auch muss bei Sicherungen bis 6 Quadratmillimeter Leitungsquerschnitt
(40 Ampère Abschmelzstromstärke) durch die Kon-
struktion eine irrthümliche Verwendung zu starker
Abschmelzstöpsel ausgeschlossen sein.

Bei Bleisicherungen darf das Blei nicht unmittelbar Kontakt vermitteln, sondern es müssen die

Enden der Bleidrähte oder Bleistreifen in Kontaktstücke aus Kupfer oder gleich geeignetem Materiale eingelöthet werden.

Die Erfahrung lehrt, dass ein Lichtbogen, welcher sich nach der Unterbrechung des Schmelzstreifens zwischen den Anschlussklemmen der Sicherung bildet, durch seine beträchtliche Wärmeentwickelung unter Umständen das Erglühen der ganzen Sicherungsvorrichtung, oder ein explosionsartiges Zerspringen des Sicherungsgehäuses hervorrufen kann. Letzteres tritt namentlich bei grossen Stromstärken, also bei unmittelbarem Kurzschluss, leicht ein. Man sucht den Lichtbogen entweder durch entsprechend grosse Entfernung zwischen den Anschlussklötzen oder durch eine zwischen sie eingeführte isolirende Scheidewand zu vermeiden, welch letztere von dem Schmelzstreifen entweder in enger Oeffnung durchsetzt oder im Bogen überbrückt wird.

Vielfach wird von ungeschultem oder unzuverlässigem Bedienungspersonal der Fehler gemacht, dass eine abgeschmolzene Sicherung durch eine stärkere ersetzt wird, um der unbequemen Störung, die das Abschmelzen und Einsetzen der Schmelzstreifen bedingt, aus dem Wege zu gehen. Es wird dies unsachgemässe Vorgehen besonders dann beliebt, wenn in Folge eines Erdschlusses oder ähnlichen Fehlers eine bestimmte Sicherung wiederholt ausgebrannt ist. Dass dieses Verfahren im höchsten Grade gefährlich ist, ergibt sich durch einfache Ueberlegungen. Es ist daher das Bedienungspersonal nachdrücklich dahin zu belehren, dass jedes Ausbrennen einer Sicherung einen vorhandenen Fehler anzeigt, welcher alsbald aufgesucht und entfernt werden muss. Um aber nach Möglichkeit das gekennzeichnete Vorgehen zu verhindern, ist vorgeschrieben, dass die Sicherungen derart construirt sein müssen, dass ein stärkerer Schmelzstreifen als derjenige, für welchen der Sockel gebaut ist, nicht eingesetzt werden kann. Dies wird z. B. bei sogenannten Bleistöpseln mit Edison-Gewinde dadurch erreicht, dass die stärkeren Schmelzstreifen mit einem kürzeren Gewinde versehen sind, so dass sie in dem der geringeren Stromstärke entsprechenden Sockel nicht befestigt werden können. Bei anderen Formen lassen sich ähnliche Anordnungen treffen.

Eine lösbare Verbindungsstelle zwischen Blei und dem härteren Metall der Klemmen oder Schrauben an der Sicherung ist unzulässig, weil das Blei sich leicht oxydirt und ausserdem beim Befestigen Formveränderungen erleidet, so dass sich ein zuverlässiger Stromübergang nicht erreichen lässt.

e) Sicherungen sind möglichst zu centralisiren und in handlicher Höhe anzubringen.

f) Die Maximalspannung ist auf dem festen Theil, der Leitungsquerschnitt und die Betriebsstromstärke sind auf dem auswechselbaren Stück der Sicherung zu verzeichnen.

Auf die Centralisirung der Sicherungen wurde bereits in den Bemerkungen zu § 12c hingewiesen.

Was oben unter § 12d über den an Sicherungen möglichen Lichtbogen gesagt wurde, erklärt die Forderung, dass die Maximalspannung angegeben sein muss. Sicherungen, welche für 60 oder 100 Volt gebaut sind, können nicht in Anlagen mit 200 oder 400 Volt benutzt werden, weil ein von höherer Spannung gespeister Lichtbogen grössere Räume überspringt. Die übrigen Festsetzungen dieses Paragraphen sind zur Durchführung einer wirksamen Controle unerlässlich und gewähren ausserdem eine grosse Erleichterung in der Installation und im Betrieb der Anlagen.

g) Mehrere Vertheilungsleitungen können eine gemeinsame Sicherung erhalten, wenn der Gesammt-stromverbrauch 8 Ampère nicht überschreitet. Die gemeinsame Sicherung darf für eine Betriebsstrom-stärke bis 8 Ampère bemessen sein.

Die im § 12c aufgestellte Forderung, wonach an jeder Querschnittsänderung eine Sicherung anzubringen ist, erleidet durch die vorstehende Bestimmung eine Einschränkung, welche im Interesse einfacherer Installation zugelassen worden ist. Sie wird namentlich bei der Montage von Kronleuchtern Anwendung finden, wo es schon wegen des Raummangels nicht möglich ist, jede einzelne Abzweigung mit einer besonderen, ihr entsprechenden Sicherung auszu-

statten; es können aber auch sämmtliche Lampen in benach-
barten Räumen, wenn ihr Stromverbrauch die Grenze von
8 Amp. nicht übersteigt, an eine gemeinsame Sicherung angeschlossen werden. Eine derartige Anordnung erleichtert die
Centralisirung der Sicherungen. Wenn es möglich ist, wird
man solche Gruppen so gross wählen, dass als Sicherung eine
der in § 12b festgesetzten Typen benutzt werden kann. So
würde z. B. die Sicherung zu 6 Amp. Betriebsstrom für eine
Gruppe von 12 Lampen à 16 Nk. passen; es kann aber die-
selbe Sicherung auch noch für 16 Lampen à 16 Nk., welche
zusammen 8 Amp. verbrauchen, als gemeinsame Sicherung benutzt werden, da sie ja erst bei 12 Amp. abschmilzt und die
Anwendung schwächerer Sicherungen stets gestattet ist.

h) Bewegliche Leitungsschnüre zum Anschluss
von transportablen Beleuchtungskörpern und von Apparaten sind stets mittels Wandkontakt und Sicher-
heitsschaltung abzuzweigen, welch' letztere der Stromstärke genau anzupassen ist.

Biegsame Leitungsschnüre werden, wenn sie bewegliche
Apparate wie Tischlampen, Plätteisen, Heizvorrichtungen
speisen, stärker angestrengt und rascher abgenutzt als fest-
verlegte Leitungen. Da sie ausserdem vielfach in der Nähe
von entzündlichen Gegenständen gebraucht werden müssen,
wie z. B. auf Schreibtischen, in der Nähe von Betten, Vor-
hängen u. dergl., so sind für sie besondere Schutzmaassregeln
angezeigt. Sie dürfen daher nicht von der Begünstigung der
gruppenweisen Sicherung (§ 12g) Gebrauch machen, sondern
jeder bewegliche Stromverbraucher ist einzeln zu sichern.
Da bei der Handhabung der transportabeln Theile leicht ein
Zug auf die Zuleitung ausgeübt wird, so ist es verboten, diese
Zuleitung einfach durch Verlöthen abzuzweigen; es ist vielmehr ein Wandcontact vorgeschrieben, welcher am besten
derart montirt wird, dass die Verbindungsstellen selbst von Zug
entlastet sind.

i) Ist die Anbringung der Sicherung in einer
Entfernung von höchstens 25 Centimeter von den
Abzweigestellen nicht angängig, so muss die von der

Abzweigestelle nach der Sicherung führende Leitung
den gleichen Querschnitt wie die durchgehende Hauptleitung erhalten.

Es ist hier nochmals auf die in § 12c erläuterte Bestimmung hingewiesen, wonach nur ausnahmsweise die zwischen
Hauptleitung und Abzweigsicherung liegende Leitungsstrecke
schwächer als die Hauptleitung sein darf. Dies ist vollständig
verboten, wenn der Abstand der Sicherung von der Hauptleitung mehr als 25 cm beträgt.

k) Innerhalb von Räumen, wo betriebsmässig
leicht entzündliche oder explosive Stoffe vorkommen,
dürfen Sicherungen nicht angebracht werden.

Während in diesen besonders gefährdeten Räumen Ausschalter, Glühlampen, Motoren u. s. w. unter besonderen Vor-
sichtsmaassregeln noch zugelassen sind (vergl. § 1, § 11, § 13 e),
sind Sicherungen unbedingt verboten. Es ist dies nothwendig,
weil die Sicherungen nicht fortdauernd controllirt werden
können und auch ein gasdichter Abschluss derselben, welcher
ohnehin nicht leicht zu erreichen ist, unwirksam werden
kann, indem bei hohen Stromstärken ein explosionsartiges
Zerspringen des Sicherungsgehäuses beim Abschmelzen eintreten kann.

Bei der Einrichtung von Räumen der hier genannten
Art, wie Getreidemühlen, Baumwollspinnereien, Kohlenberg-
werken, Pulverfabriken u. dergl. sind die Sicherungen ausserhalb der gefährdeten Räume möglichst centralisirt anzuordnen.
Durch Benutzung stärkerer Drähte in den einzelnen Abzwei-
gen, so dass Querschnittsänderungen im Innern der Räume
vollständig vermieden werden, ist dies stets erreichbar.

Obwohl es sich aus der Fassung des § 12 von selbst ergibt, soll hier doch noch besonders erwähnt werden, dass bei
Hintereinanderschaltung von Lampen, wie dies z.B. mit nieder-
voltigen Glühlampen an Kronleuchtern oder mit Bogenlampen
geschieht, nicht jede einzelne Stromverbrauchsstelle besonders
gesichert wird, da ja innerhalb eines Stromkreises Querschnittsänderungen nicht vorkommen.

Ausschalter.

§ 13. a) Die Schalter müssen so konstruirt sein, dass sie nur in geschlossener oder offener Stellung, nicht aber in einer Zwischenstellung verbleiben können.

Hebelschalter für Ströme über 50 A. und in Betriebsräumen alle Hebelschalter sind von dieser Vorschrift ausgenommen.

Die Wirkungsweise aller Schalter muss derart sein, dass sich kein dauernder Lichtbogen bilden kann.

Die neuern Construktionen von Ausschaltern sind fast ausnahmslos bereits den Bestimmungen dieses § angepasst, indem durch geeignet wirkende Federn dafür gesorgt ist, dass bei betriebsmässigem Gebrauche nur zwei Endlagen möglich sind. Bei grösseren Schaltern können jedoch ähnliche Einrichtungen nicht immer ohne erhebliche Kosten getroffen werden. Da diese jedoch in der Regel nur von sachverständigen Personen bedient werden, so ist die zugelassene Ausnahme gerechtfertigt. Das Gleiche gilt für Schalter in Betriebsräumen. Unter diese Gattung fallen auch Kohlenausschalter, wie sie in Wechselstromanlagen und an Motoren verwendet werden, bei denen zum Theil die Bildung eines Lichtbogens während der Ausschaltung selbst absichtlich hervorgerufen wird, um die schädlichen Wirkungen der Selbstinduktion zu vermeiden.

b) Die normale Betriebsstromstärke und Spannung sind auf dem Schalter zu vermerken.

c) Metallkontakte sollen ausschliesslich Schleifkontakte sein.

Diese Bestimmungen sind ohne Weiteres verständlich.

d) Jede Hauptabzweigung soll womöglich für alle Pole, bei Dreileiter-Gleichstrom für die beiden Aussenleiter Ausschalter erhalten, gleichviel, ob für die einzelnen Räume noch besondere Ausschalter angebracht sind oder nicht.

Die hier geforderte Anordnung dient hauptsächlich zur
Erleichterung der Controle und fördert zugleich die Sicherheit der Anlage. Ist in irgend einem Theile der Anlage ein
Fehler entstanden, so gestatten die Ausschalter, diesen Theil
abzutrennen und den Fehler aufzusuchen und zu beheben,
ohne dass dabei der Betrieb der anderen Theile der Anlage
gestört wird. Feuchte Räume, in welchen eine dauernde Isolation nicht aufrecht erhalten werden kann, werden vortheilhaft ausgeschaltet, so lange in ihnen kein Strom benöthigt
wird. Dadurch wird der ausser der Betriebszeit durch die
mangelhafte Isolation bewirkte Stromverlust vermieden. Insbesondere wird die Untersuchung der Isolation der Anlage in
ihren einzelnen Zweigen und das Auffinden von Isolationsfehlern
durch die empfohlene Trennbarkeit wesentlich erleichtert.

e) In Räumen, wo betriebsmässig leicht entzündliche oder explosive Stoffe vorkommen, ist die Anwendung von Ausschaltern und Umschaltern nur unter
verlässlichem Sicherheitsabschluss zulässig.

An Ausschalter und Umschalter, welche in den genannten
Räumen zur Verwendung kommen sollen, müssen besonders
hohe Anforderungen gestellt werden. Auf alle Fälle müssen
dieselben völlig luftdicht abgeschlossen sein. Im Uebrigen
ist die Construktion derart kräftig zu wählen, dass sie durch
die betriebsmässige Handhabung nicht in Unordnung ge-
rathen können. Dass sie mit entsprechenden Einrichtungen
ausgestattet sind, welche eine Erwärmung verhindern und
namentlich die Bildung eines dauernden Lichtbogens unmöglich machen, ist selbstverständlich.

Widerstände.

§ 14. Widerstände und Heizapparate, bei welchen
eine Erwärmung um mehr als 50° C. eintreten kann,
sind derart anzuordnen, dass eine Berührung zwischen
den wärmeentwickelnden Theilen und entzündlichen
Materialien, sowie eine feuergefährliche Erwärmung
solcher Materialien nicht vorkommen kann.

Widerstände sind auf feuersicherem, gut isolirendem Material zu montiren und mit einer Schutzhülle aus feuersicherem Material zu umkleiden. Widerstände dürfen nur auf feuersicherer Unterlage, und zwar freistehend oder an feuersicheren Wänden angebracht werden. In Räumen, wo betriebsmässig Staub, Fasern oder explosible Gase vorhanden sind, dürfen Widerstände nicht aufgestellt werden.

Von einer Festlegung der höchsten Temperatur, welche ein Widerstand erreichen darf, ist in den Vorschriften abgesehen worden, weil ein im normalen Betrieb nur mässig beanspruchter Widerstand unter Umständen, die sich nicht immer mit Sicherheit vermeiden lassen, auf kurze Zeit verhältnissmässig starke Erhitzungen erleidet. So kann z. B. der Vorschaltwiderstand einer Bogenlampe infolge des Festschmorens der Lichtkohlen vorübergehend nahezu zur Rothgluth erhitzt werden, und es ist praktisch unthunlich, die Widerstände so zu bemessen, dass sie auch in solchen Fällen nur mässige Temperaturen annehmen. Vielmehr muss dafür gesorgt werden, dass derartige vorübergehende Erhitzungen gefahrlos verlaufen, indem man brennbare Materialien fernhält. Dabei ist nicht nur eine unmittelbare Berührung mit entzündlichen Stoffen zu verhindern, sondern namentlich auch darauf zu achten, dass die von den erhitzten Drähten aufsteigenden Luftströme nicht unmittelbar an brennbare Stoffe gelangen können. Bei der Umkleidung mit Schutzhüllen ist Bedacht zu nehmen, dass diese nicht zur Ansammlung von Staub, Fasern u. dgl. Veranlassung geben. Dies ist auch in solchen Räumen zu beachten, welche nicht betriebsmässig staubhaltig sind, da erfahrungsgemäss gewisse Mengen von Staub an allen Orten, die nicht regelmässig gereinigt werden, fast unvermeidlich sind. Man richte daher die Rahmen und Gehäuse der Widerstände so ein, dass grössere horizontale Flächen im Innern vermieden werden. Namentlich ist die Bodenplatte des Schutzgehäuses durchbrochen zu gestalten, was auch behufs kräftiger Ventilation empfehlenswerth ist.

V. Lampen und Beleuchtungskörper.

Glühlicht.

§ 15. a) Glühlampen dürfen in Räumen, in denen eine Explosion durch Entzündung von Gasen, Staub oder Fasern stattfinden kann, nur mit dicht schliessenden Ueberglocken, welche auch die Fassungen einschliessen, verwendet werden.

Glühlampen, welche mit entzündlichen Stoffen in Berührung kommen können, müssen mit Schalen, Glocken oder Drahtgittern versehen sein, durch welche die unmittelbare Berührung der Lampen mit entzündlichen Stoffen verhindert wird.

Die Fassungen der Glühlampen sind in der Regel nicht kräftig genug, um das Gewicht der Ueberglocke zu tragen und ihr eine sichere dicht schliessende Befestigung zu ermöglichen. Da ausserdem gerade in der Fassung schädliche Erhitzung auftreten kann, so müssen die Ueberglocken daher über die Fassungen reichen.

Es scheint nicht genügend bekannt zu sein, dass die gebräuchlichen Glühlampen die an der Oberfläche der Birne gewöhnlich beobachtete niedrige Temperatur nur dann zeigen, wenn sie frei ausstrahlen können. Wird die freie Strahlung und Luftcirculation verhindert, so steigt die Temperatur in kurzer Zeit so hoch, dass Papier, Gewebe, Sägespähne u. dergl., welche die Birne berühren, ohne Weiteres zu glimmen beginnen. Man muss daher derartige Berührungen durch die oben erwähnten Mittel verhindern. Hiergegen wird besonders häufig gefehlt bei der Beleuchtung von Schaufenstern, sowie bei dekorativen Anordnungen, wie sie bei Festen und ähnlichen Gelegenheiten oft nur provisorisch getroffen werden.

Es ist jedoch nicht schwer, durch Verwendung von Schalen, Tulpen u. dergl., die in den verschiedensten Ausstattungen zu haben sind, der Sicherheit Rechnung zu tragen, ohne die Schönheit zu beeinträchtigen.

Bei der Befestigung der Glühlampen ist namentlich auch darauf zu sehen, dass sie sich nicht in ihren Fassungen lockern. Wo regelmässige Erschütterungen vorkommen (z. B. in manchen Fabriken) tritt dies leicht ein und führt zu Funkenbildungen und Erhitzungen, welche die Fassungen zerstören können.

b) Die stromführenden Theile der Fassungen müssen auf feuersicherer Unterlage montirt und durch feuersichere Umhüllung, welche jedoch nicht stromführend sein darf, vor Berührung geschützt sein. Hartgummi und andere Materialien, welche in der Wärme einer Formveränderung unterliegen, sowie Steinnuss, sind als Bestandtheile im Innern der Fassungen ausgeschlossen.

Lampenfassungen von fehlerhafter Bauart sind eine Zeit lang, da sie sehr billig verkauft wurden, vielfach verbreitet gewesen. Es erschien daher angezeigt, über die Beschaffenheit der Fassungen besondere Festsetzungen zu treffen, denn die meisten Erdschlüsse und Kurzschlüsse, welche vorkommen, lassen sich auf mangelhafte oder in Unordnung gerathene Fassungen zurückführen. Es ist dies leicht verständlich, da sich in diesem Bestandtheil eine ganze Reihe von Einzelvorrichtungen im engen Raum vereinigt finden und ausserdem die Fassung vielfacher Handhabung — oft von Seiten unbefugter Personen — ausgesetzt ist. Die neueren Fabrikate besserer Firmen haben die früher übliche Verwendung von Holz, Vulkanfibre u. dergl. völlig aufgegeben und benutzen fast ausschliesslich Porzellan und andere der Feuchtigkeit widerstehende und zugleich feuersichere Stoffe als Unterlage der leitenden Bestandtheile.

c) Die Beleuchtungskörper müssen isolirt aufgehängt, bzw. befestigt werden, soweit die Befestigung

nicht an Holz oder bei besonders schweren Körpern
an trockenem Mauerwerk erfolgen kann. Sind Beleuchtungskörper entweder gleichzeitig für Gasbeleuchtung eingerichtet oder kommen sie mit metalli-
schen Theilen des Gebäudes in Berührung, oder werden sie an Gasbeleuchtungen oder feuchten Wänden
befestigt, so ist der Körper an der Befestigungsstelle
mit einer besonderen Isolirvorrichtung zu versehen,
welche einen Stromübergang vom Körper zur Erde
verhindert. Hierbei ist sorgfältig darauf zu achten,
dass die Zuführungsdrähte den nicht isolirten Theil
der Gasleitung nirgends berühren. Beleuchtungskörper müssen so aufgehängt werden, dass die Zuführ-
rungsdrähte durch Drehen des Körpers nicht verletzt
werden können.

Da ein Stromübergang aus der Leitung auf den Beleuchtungskörper besonders leicht möglich ist, sei es in Folge
einer Beschädigung der Drahtisolirung oder durch unvor-
sichtige Befestigung oder Handhabung der Fassung, so ist
der Lampenträger selbst von Erde zu isoliren. Bei Hänge-
armen ist dies durch Einfügen eines Ringes aus Porzellan
leicht durchführbar; emaillirte Eisenringe haben sich nicht
bewährt. Bei Wandarmen sind Unterlagscheiben aus Isolirmaterial zu verwenden, wobei die Befestigungsschrauben
noch mit besonderen Hülsen und Unterlagen zu versehen
sind. Bei schweren Kronleuchtern und ähnlichen Gegenständen ist es ebenfalls fast immer möglich, an passender
Stelle eine Holzrolle oder dergleichen einzufügen oder die
Befestigung selbst auf trockenen Holzbalken zu bewerk-
stelligen. Doch ist für den Fall, dass dies unthunlich sein
sollte, wenn es sich z. B. um einen Wandarm für Strassen-
beleuchtung handelt, auch trockenes Mauerwerk als unmittelbare Unterlage zugelassen.

Besondere Vorsicht ist naturgemäss an feuchten Wänden
anzuwenden, namentlich aber dann, wenn der Lampenträger
gleichzeitig für Gasbeleuchtung eingerichtet ist. Im letzteren

Falle ist in das Gasrohr eine isolirende Muffe einzusetzen, wie sie für diesen Zweck besonders fabrizirt werden. Strassenlaternen für Bogenlampen sind so einzurichten, dass die Bogenlampe selbst von dem Laternenträger isolirt ist. (Vergl. § 16b.)

d) Zur Montirung von Beleuchtungskörpern ist gummiisolirter Draht (mindestens nach § 7b) oder biegsame Leitungsschnur zu verwenden. Wenn der Draht aussen geführt wird, muss er derart befestigt werden, dass sich seine Lage nicht verändern kann und eine Beschädigung der Isolation durch die Befestigung ausgeschlossen ist.

Für die Drahtführung an der Oberfläche des Lampenträgers sind am besten besondere mit Isolirung versehene Schellen zu benutzen; doch genügt auch eine Befestigung mit Isolirband u. dergl., wobei scharfe Kanten durch geeignete Bogenführung des Drahtes zu umgehen sind.

e) Schnurpendel mit biegsamer Leitungsschnur sind nur dann zulässig, wenn das Gewicht der Lampe nebst Schirm von einer besonderen Tragschnur getragen wird, welche mit der Litze verflochten sein kann. Sowohl an der Aufhängestelle als auch an der Fassung müssen die Leitungsdrähte länger sein als die Tragschnur, damit kein Zug auf die Verbindungsstelle ausgeübt wird.

Auch sonst dürfen Leitungen nicht zur Aufhängung benützt werden, sondern müssen durch besondere Aufhängevorrichtungen, welche jederzeit kontrollirbar sind, entlastet sein.

Schnurpendel nach Art der in der obigen Vorschrift gekennzeichneten sind im Handel zu haben. Bei ihrer Verwendung ist stets darauf zu achten, dass die Befestigungsstellen der Leitungsdrähte nicht durch das Gewicht der Lampe belastet werden, was daran beurtheilt werden kann,

dass die Leitungen selbst nicht angespannt, sondern länger
sind als die Tragschnur. Werden spiralig gewundene
Leitungsdrähte zu einer hängenden Lampe geführt, so muss
letztere in gleicher Weise von einer besonderen Tragvor-
richtung gehalten sein, welche ein steifer Draht, eine Schnur,
ein Gas- oder Papierrohr sein kann.

Bogenlicht.

§ 16. a) Bogenlampen dürfen nicht ohne Vorrichtungen, welche ein Herausfallen glühender Kohlentheilchen verhindern, verwendet werden. Glocken
ohne Aschenteller sind unzulässig.

Auch bei unten geschlossenen Glocken sind besondere
Aschenteller vorzusehen, da ohne solchen die Glocke durch
herabfallende glühende Kohlentheilchen zum Zerspringen gebracht werden kann.

b) Die Lampe ist von der Erde isolirt anzubringen.

Diese Forderung ist unerlässlich, weil bei vielen Construktionen der Lampenkörper selbst als Stromleiter benutzt
wird. Aber auch wo dies nicht der Fall ist, muss eine
Isolation gefordert werden, da innerhalb des Regelungs-
mechanismus leicht ein Stromübergang auf den Lampenkörper stattfindet. Die Isolirung geschieht bei Hängelam-
pen durch geeignete Anordnung des Aufhängehakens oder
durch Einfügung eines isolirenden · Ringes, bei Laternen
durch Unterlagen von Porzellan und dergl. an den Berührungsstellen.

c) Die Einführungsöffnungen für die Leitungen
müssen so beschaffen sein, dass die Isolirhülle der
letzteren nicht verletzt werden und Feuchtigkeit in
das Innere der Laterne nicht eindringen kann.

d) Bei Verwendung der Zuleitungsdrähte als Auf-
hängevorrichtung dürfen die Verbindungsstellen der

Drähte nicht durch Zug beansprucht und die Drähte nicht verdrillt werden.

e) Bogenlampen dürfen nicht in Räumen, in denen eine Explosion durch Entzündung von Gasen, Staub oder Fasern stattfinden kann, verwendet werden.

Diese Bestimmungen schliessen sich sinngemäss an die in den früheren Paragraphen für Glühlampen aufgestellten Forderungen an und finden in den dort gegebenen Auseinandersetzungen ihre Erklärung.

VI. Isolation der Anlage.

§ 17. a) Der Isolationswiderstand des ganzen Leitungsnetzes gegen Erde muss mindestens $\dfrac{1\,000\,000}{n}$ Ohm betragen. Ausserdem muss für jede Hauptabzweigung die Isolation mindestens

$$10\,000 + \frac{1\,000\,000}{n} \text{ Ohm}$$

betragen.

In diesen Formeln ist unter n die Zahl der an die betreffende Leitung angeschlossenen Glühlampen zu verstehen, einschliesslich eines Aequivalentes von 10 Glühlampen für jede Bogenlampe, jeden Elektromotor oder anderen stromverbrauchenden Apparat.

Der Isolationswiderstand einer Anlage ist keineswegs ein unmittelbares Maass für ihre Feuersicherheit; wohl aber kann man aus der Kenntniss seiner Grösse unter sachgemässer Berücksichtigung aller obwaltenden Verhältnisse auf indirektem Wege ein Urtheil über den mehr oder weniger ordnungsgemässen Zustand der Leitungen und damit zugleich über die Sicherheit der Anlage gewinnen. Es ist nämlich von vornherein klar, dass es nicht möglich ist, die beiden Pole der Leitungen von einander und gegen die Erde völlig zu isoliren; vielmehr wird auch bei Anwendung der vollkommensten Mittel stets ein gewisser Stromübergang über die isolirenden Befestigungstheile hinweg und durch die Isolirhüllen hindurch stattfinden. Die gesammte übergehende

Strommenge hängt nicht nur von der Beschaffenheit der
Isolir- und Befestigungsstücke ab, sondern sie wird auch bei
gleich guter Beschaffenheit um so erheblicher sein, je grösser
die Anzahl derjenigen Stellen ist, an welchen ein Stromübergang überhaupt stattfinden kann. Sehr ausgedehnte Leitungsnetze zeigen daher, absolut gemessen, einen kleinen
Isolationswiderstand, ohne desswegen nothwendigerweise
feuergefährlich oder mangelhaft zu sein. Es muss daher der
Isolationswiderstand im Verhältniss zum Umfang der Anlage,
oder besser im Verhältniss zu der Zahl der Befestigungs-,
Anschluss- und Verbrauchsstellen beurtheilt werden. Da sich
jedoch diese Grössen nicht leicht feststellen lassen, auch nicht
in einheitlichem Maasse messbar sind, so wird an ihrer Stelle
die Zahl der Glühlampen zu Grunde gelegt, wobei für Bogenlampen und andere Stromverbraucher ein willkürlich ge-
wähltes Aequivalent eingesetzt wird. Die so gewonnene
Verhältnisszahl ergibt ein Urtheil über den von der Leitung
nach der Erde oder vom einen Pol zum andern übertretenden
Bruchtheil des Gesammtstroms. Dieser ist für die Feuer-
gefährlichkeit der Anlage insofern bis zu einem gewissen Grade
maassgebend, als jeder erhebliche Fehler, d. h. jede Stelle, an
welcher ein erheblicher Strom unbeabsichtigter Weise über-
tritt, im Laufe der Zeit erfahrungsgemäss immer fehlerhafter
wird (zum Theil in Folge der elektrolytischen Stromwirkungen),
so dass schliesslich die nach der Fehlerstelle führenden Leitungen überlastet oder die den falschen Stromweg bildenden
Stoffe unmittelbar erhitzt werden und Brandschaden verursachen.

Es ist jedoch hierbei zu beachten, dass das Maass der
Gefahr ein sehr verschiedenes ist, je nachdem der unbeab-
sichtigte Stromübergang sich auf eine grössere Erstreckung
der Leitungen gleichmässig vertheilt oder sich auf eine oder
einige Stellen concentrirt. Hat z. B. eine Anlage von 10 000
Lampen einen Isolationswiderstand von 100 Ohm zwischen beiden Polen, so wird bei einer Betriebsspannung von 100 Volt
im Ganzen 1 Ampère unbeabsichtigter Weise übertreten. Würde
dieser Uebergang z. B. in den vorhandenen 10 000 Lampenfassungen gleichmässig erfolgen, so trifft auf jede ein Betrag
von $\frac{1}{10\,000}$ Ampère, welcher zu irgend einer Befürchtung

keinen Anlass gibt. Würde aber derselbe Strom von
1 Ampère in einer einzelnen Lampenfassung unbeabsichtigter Weise übertreten, so würde diese in gefährlicher
Weise erhitzt werden und unmittelbare Feuersgefahr vorhanden sein.

Um daher aus der gemessenen Isolationsgrösse den Zustand der Anlage beurtheilen zu können, muss man ermitteln,
ob sich die Fehler annähernd gleichmässig vertheilen; es ist
daher die Anlage nicht nur im Ganzen zu messen, sondern
— namentlich eine grosse Anlage, deren Gesammtwiderstand
gering ist — in Unterabtheilungen zu zerlegen, welche einzeln
geprüft werden müssen. Auf diese Weise wird es stets möglich sein, sich ein zuverlässiges Urtheil zu bilden, die fehlerhaften Theile ausfindig zu machen, und schliesslich durch
fortgesetzte Untertheilung den Fehler selbst zu entdecken.
Die in den Bestimmungen angegebenen Formeln ergeben sich
aus dem eben Gesagten und sind hiernach ohne Weiteres
verständlich. Namentlich ist hiernach klar, dass die erste
Formel allein ein brauchbares Urtheil über den Zustand der
Anlage nicht ermöglicht. Die durch die zweite Formel für
die einzelnen Unterabtheilungen festgelegte Grenze besagt,
dass an keiner Stelle ein Isolationswiderstand von weniger
als 10 000 Ohm vorhanden sein darf. Hat die Gesammtanlage
diesen Mindestbetrag nicht aufzuweisen, so sind die einzelnen
Unterabtheilungen zu messen, und die Untertheilung so lange
fortzusetzen, bis jeder einzelne Theil der zweiten Formel genügt. Wo dies nicht erreichbar ist, sind Fehler vorhanden,
welche aufgesucht und behoben werden müssen.

Die als Grenzwerthe festgesetzten Isolationsgrössen sind
im Vergleich zu früher und in andern Ländern giltigen Anforderungen nicht sehr hoch; sie sind indessen so gewählt,
um auch unter ungünstigeren Verhältnissen erreichbar zu
sein und genügen den durch die Sicherheit bedingten Forderungen vollkommen.

b) Bei Messungen von Neuanlagen muss nicht
nur die Isolation zwischen den Leitungen und der
Erde, sondern auch die Isolation je zweier Leitungen
verschiedenen Potentiales gegen einander gemessen

werden; hierbei müssen alle Glühlampen, Bogenlampen, Motoren oder andere stromverbrauchenden Apparate von ihren Leitungen abgetrennt, dagegen alle vorhandenen Beleuchtungskörper angeschlossen, alle Sicherungen eingesetzt und alle Schalter geschlossen sein. Dabei müssen die Isolationswiderstände den obigen Formeln genügen.

c) Bei der Messung der Isolation sind folgende Bedingungen zu beachten: Bei Isolationsmessung durch Gleichstrom gegen Erde soll, wenn möglich, der negative Pol der Stromquelle an die zu messende Leitung gelegt werden, und die Messung soll erst erfolgen, nachdem die Leitung während einer Minute der Spannung ausgesetzt war. Alle Isolationsmessungen müssen mit der Betriebsspannung gemacht werden. Bei Mehrleiteranlagen ist unter Betriebsspannung die einfache Lampenspannung zu verstehen.

Die Messung ist womöglich so auszuführen, dass die zu messende Leitung den positiven Strom aus der Erde empfängt, also Kathode ist, weil an den fehlerhaften Stellen elektrolytische Wirkungen eintreten können. Würde die Leitung Anode sein, so liegt die Möglichkeit vor, dass sich durch die Stromwirkung schlecht leitende Salze bilden, welche den Uebergangswiderstand erhöhen und den Fehler vermindern. Der negative Strom dagegen zerstört derartige Zersetzungsprodukte und deckt den Fehler auf. Um diese Wirkungen voll zur Geltung zu bringen, sowie um den Ladungserscheinungen Rechnung zu tragen, ist eine bestimmte Dauer des Prüfungsstromes vorgeschrieben. Zeigt der Widerstand nach der angegebenen Zeit von einer Minute noch erhebliche Veränderungen, so ist hieraus auf das Vorhandensein eines Fehlers zu schliessen.

Dass bei unvollkommenen Isolatoren, wie sie hier in Frage kommen, der gemessene Widerstand von der Spannung der Messbatterie abhängt, ist eine Erfahrungsthatsache; es ist da-

Weber. 5

her gerechtfertigt und im Interesse vergleichbarer Resultate nothwendig, dass die Messspannung der Betriebsspannung gleich sei; jedenfalls soll sie nicht niedriger sein. Anlagen, welche mit Wechselstrom betrieben werden, können mit Gleichstrom geprüft werden. Zur Messung der Isolation bedient man sich am besten einer tragbaren Batterie von kleinen Elementen oder Akkumulatoren, welche selbstverständlich gut von Erde isolirt werden müssen; man kann auch die Betriebsmaschine benützen, doch ist dabei besonders darauf zu achten, dass die Maschine selbst gut isolirt ist.

d) Anlagen, welche in feuchten Räumen, z. B. in Brauereien und Färbereien, installirt sind, brauchen der Vorschrift dieses Paragraphen nicht zu genügen, müssen aber folgender Bedingung entsprechen:

Die Leitung muss ausschliesslich mit feuer- und feuchtigkeitsbeständigem Verlegungsmaterial und so ausgeführt sein, dass eine Feuersgefahr infolge Stromableitung dauernd ganz ausgeschlossen ist.

Die geforderten Isolationsgrössen sind so festgesetzt, dass sie auch unter ungünstigen Verhältnissen eingehalten werden können, wenn alle in den Vorschriften angeführten Maassnahmen beachtet, ausschliesslich gute, den Verhältnissen angepasste Materialien verwendet und die Arbeiten mit Sorgfalt ausgeführt werden.

Die Erreichung dieser Isolationsgrössen muss daher, vor Allem bei Neu-Anlagen, unter allen Umständen angestrebt werden. Es ist indessen nicht undenkbar, dass ausnahmsweise ungünstige äussere Einflüsse oder die Wirkungen des besonders gearteten Betriebes, wie sie z. B. in manchen chemischen Fabriken, manchmal auch in Färbereien, Brauereien u. s. w. auftreten, dies Ziel nicht erreichen oder nicht dauernd aufrecht erhalten lassen. Alsdann kann von der Einhaltung der verlangten Isolationsgrössen Abstand genommen werden, wenn durch die Bauart der Räume und die Art der Verlegungsmaterialien und der Verlegung selbst dafür gesorgt ist, dass die vorhandenen Isolationsfehler zu Feuersgefahr keinen Anlass bieten können.

Solche Einrichtungen sind jedoch stets als Ausnahmen zu betrachten und dauernd mit besonderer Sorgfalt zu beaufsichtigen. Es empfiehlt sich namentlich, wie überhaupt, so besonders in diesem Falle, Isolationsmessungen der einzelnen Unterabtheilungen vorzunehmen, um wenigstens gröbere Fehler aufdecken und abstellen zu können, und um sich davon zu überzeugen, inwieweit der Isolationsfehler über die ganze Anlage gleichmässig vertheilt ist. Solche Messungen sollten in regelmässigen Zwischenräumen, etwa alle Monate, wiederholt werden. Auch ist es gut, wenn derartige Theile einer grösseren Anlage zu allen Zeiten, wo dies thunlich erscheint, von dem übrigen Netze durch Oeffnen der Ausschalter abgetrennt werden, damit einerseits unnöthiger Stromverlust vermieden, andrerseits die zersetzende Wirkung des Erdstroms eingeschränkt wird.

Bei Anlagen unter gebräuchlichen Verhältnissen ist eine dauernde Controlle des Isolationszustandes, wie sie z. B. durch Anordnung eines der bekannten Erdschlusszeiger am Hauptschaltbrett erreicht werden kann, im Allgemeinen ausreichend.

VII. Pläne.

§ 18. Für jede Starkstromanlage soll bei Fertig-
stellung ein Plan oder ein Schaltungsschema hergestellt werden.

Der Plan soll enthalten:

a) Bezeichnung der Räume nach Lage und Zweck.
Besonders hervorzuheben sind feuchte Räume und
solche, in welchen ätzende, leicht entzündliche Stoffe
und explosive Gase vorkommen;

b) Lage, Querschnitt und Isolirungsart der Leitungen;

c) Art der Verlegung (Isolirglocken, Rollen,
Ringe, Rohr etc.);

d) Lage der Apparate und Sicherungen;

e) Lage und Stromverbrauch der Lampen, Elektromotoren etc.

Für alle diese Pläne sind folgende Bezeichnungen
anzuwenden.

Bezeichnungen:

$\times$ = Glühlampe bis zu 32 NK mit Fassung
ohne Hahn.

$\times$ 50 = Glühlampe für 50 NK mit Fassung
ohne Hahn.

$\curlywedge$ = Glühlampe bis zu 32 NK mit Fassung
mit Hahn.

Vorstehende Zeichen bedeuten zugleich hängende
Lampen.

—✕, —✕ = Glühlampen (bis zu 32 NK) auf Wand-
　　　　 armen.

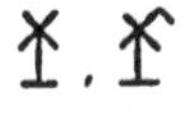

✕ , ✕ = Glühlampen (bis zu 32 NK) auf Stän-
　　　　 dern (Stehlampen).

⌇⌇✕, ⌇⌇✕ = Tragbare Glühlampen (bis zu 32 NK)
　　　　 bzw. Glühlampen mit biegsamer
　　　　 Leitungsschnur oder mit Zwillings-
　　　　 leitung.

⊗5, ⊗5 = Krone mit 5 Glühlampen (bis zu
　　　　 32 NK).

⊗5+3H = Krone mit 5 Glühlampen ohne und
　　　　 3 Glühlampen mit Hahn.

⑥ = Bogenlampe mit Angabe der Strom-
　　　　 stärke (6) in Ampère.

④ = Dynamomaschine bzw. Elektromotor
　　　　 mit Angabe der höchsten Leistung
　　　　 bzw. Verbrauches in Hektowatt.

⊓⌐⊓⌐ = Akkumulatoren (galvanische Batte-
　　　　 rien).

� = Transformator.

⊠ 10 = Widerstand, Heizapparate u. dgl. mit
　　　　 Angabe der höchsten zulässigen
　　　　 Stromstärke (10) in Ampère.

⊃— = Wandfassung, Anschlussstelle.

∅,∅,∅5 = Einpoliger bzw. zweipoliger bzw. drei-
　　　　 poliger Ausschalter mit Angabe der
　　　　 höchsten zulässigen Stromstärke (5)
　　　　 in Ampère.

⌀ 3 = Umschalter, desgl.

☐ 6 = Sicherung mit Angabe des zu sichern-
den Kupferquerschnittes in Quadratmillimeter (6).

[u.] 6 = Umschaltbare Sicherung, desgl.

|2|, |3| = Zweileiter- bzw. Dreileiter-Elektrici-
tätsmesser.

——— = Zweileiter-Schalttafel.

------ = Dreileiter-Schalttafel.

〰〰〰 = Blitzableiter.

━━━ = Doppelleitung, zwei parallel laufende
zusammengehörige Leitungen von
gleichem Querschnitt.

〜〜〜 = Zwillingsleitung oder biegsame Doppelleitungsschnur.

·-------- = Einzelleitung.

nach oben ⎫
von oben ⎪ Senkrecht nach oben oder unten füh-
nach unten ⎬ rende Steigleitungen werden durch
von unten ⎭ entsprechende Pfeile angedeutet.

Die Querschnitte der Leitungen werden, in
Quadratmillimeter ausgedrückt, neben die Leitungs-
linien gesetzt.

Das Schaltungsschema soll enthalten: Querschnitte
der Hauptleitungen und Abzweigungen von den Schalttafeln mit Angabe der Belastung. Demselben soll bei-

gefügt sein ein Verzeichniss der Räume nebst den in diesen installirten Lampen, Apparaten, Sicherungen, Motoren etc.

Die Vorschriften dieses Paragraphen gelten auch für alle Abänderungen und Erweiterungen.

Der Plan oder das Schaltungsschema ist von dem Besitzer der Anlage aufzubewahren.

Dass ein Plan oder Schaltungsschema nach Art der obigen Vorschrift den Betrieb einer Anlage in jeder Beziehung erleichtert, ist ohne Weiteres klar. Er dient als Unterlage bei der Abnahme der fertiggestelten Einrichtung und ist ein wesentliches Hilfsmittel bei der Controlle, bei der Aufsuchung von Fehlern, sowie zur Feststellung nachträglich gemachter Abänderungen und Erweiterungen. Eine dauernd gewahrte Uebersichtlichkeit der ganzen Anlage erhöht zu gleicher Zeit deren Sicherheit.

VIII. Schlussbestimmungen.

§ 19. Der Kommission des Verbandes Deutscher Elektrotechniker bleibt vorbehalten, andere als die oben gekennzeichneten Materialien, Verlegungsarten und Verwendungsweisen im Einklang mit den in der Industrie jeweilig gemachten Fortschritten für zulässig zu erklären.

§ 20. Die vorstehenden Vorschriften sind von der Kommission des .Verbandes Deutscher Elektrotechniker einstimmig angenommen worden und haben daher in Gemässheit des Beschlusses der Jahresversammlung des Verbandes vom 5. Juli 1895 als Verbandsvorschriften zu gelten.

Eisenach, 23. November 1895.

Der Vorsitzende der Kommission.

Budde.

Wie schon in der Einleitung hervorgehoben wurde, ist es nicht möglich, unmittelbar verwendbare Vorschriften aufzustellen, ohne — wenigstens theilweise — auf die besonderen Eigenschaften bestimmter Materialien und Verlegungsarten Bezug zu nehmen. Es ist dies auch in diesen Vorschriften geschehen, jedoch nur insoweit, als diejenigen Eigenschaften bezeichnet wurden, welche nothwendigerweise für die einzelnen Stoffe vorausgesetzt werden müssen. Es bleibt also auch innerhalb des Rahmens dieser Vorschriften immer noch ein nicht unbeträchtlicher Spielraum für die Anwendung verschiedener Formen und Stoffe, sowie für neue, den einzelnen

Zwecken besonders angepasste Ausgestaltungen der Materialien und Verlegungsarten frei.

Sollte jedoch der Fall eintreten, dass neue Materialien hergestellt werden oder neue Anordnungen auftauchen, deren Verwendung durch die Vorschriften nicht zulässig erscheint, so ist durch die Bestimmung des § 19 Vorsorge dafür getroffen, dass eine derartige weitere Entwickelung der Industrie keine nachtheilige Beschränkung erfährt. Nach den Beschlüssen der Jahresversammlung des Verbandes vom 5. Juli 1895 bleibt die zur Festsetzung dieser Vorschriften berufene Kommission bestehen, um nach Bedarf auftretende Neuerungen zu prüfen und sich über deren Zulässigkeit zu äussern.

Sach-Register.

Buchdruckerei von Gustav Schade (Otto Francke) in Berlin N.